Mobilität – Innovation – Transformation

Reihe herausgegeben von

Wolfgang H. Schulz, Zeppelin Universität, Friedrichshafen, Deutschland
Oliver Franck, Zeppelin Universität, Friedrichshafen, Deutschland
Stanley Smolka, Zeppelin Universität, Friedrichshafen, Deutschland

Mobilität ist eine wesentliche Voraussetzung für die internationale Arbeitsteilung, das Wachstum von Volkswirtschaften, der Möglichkeit Einkommen zu erzielen sowie der Teilhabe am sozialen und kulturellen Leben. Dabei sind die Anforderungen an die Mobilität von Nachhaltigkeit über Klimaneutralität vielfältig. Um diese Herausforderungen zu bewältigen sind Innovationen und Transformation wesentliche Treiber, damit die Mobilitätsindustrie sich schnell an neue Bedingungen anpassen kann. Diese Schriftenreihe soll mit herausragenden Wissensbeiträgen dieses Forschungsdreieck aus Mobilität, Innovation und Transformation stärken. Herausgeberwerke sollen aktuelle Diskussionen vorantreiben, Doktorarbeiten neueste Forschungsergebnisse präsentieren und Lehrbücher die gewonnenen Erkenntnisse in die Bildung integrieren.

Wolfgang H. Schulz ·
Vincent Geilenberg · Oliver Franck ·
Hanspeter Rychlik · Nicole Joisten

Das Satellitenkommunikationsprojekt HydRON für die baden-württembergische Industrie

Voraussetzungen und Erfolgschancen einer erfolgreichen Markteinführung auf Basis der Theorie der Institutionellen Rollenmodelle

Springer Gabler

Wolfgang H. Schulz
Mobilität, Handel und Logistik
Zeppelin Universität
Friedrichshafen, Deutschland

Vincent Geilenberg
Zeppelin Universität
Friedrichshafen, Baden-Württemberg
Deutschland

Oliver Franck
Mobilität, Handel und Logistik
Zeppelin Universität
Friedrichshafen, Baden-Württemberg
Deutschland

Hanspeter Rychlik
Mobilität, Handel und Logistik
Zeppelin Universität
Friedrichshafen, Baden-Württemberg
Deutschland

Nicole Joisten
Mobilität, Handel und Logistik
Zeppelin Universität
Friedrichshafen, Deutschland

ISSN 3005-0421 ISSN 3005-043X (electronic)
Mobilität – Innovation – Transformation
ISBN 978-3-658-47147-7 ISBN 978-3-658-47148-4 (eBook)
https://doi.org/10.1007/978-3-658-47148-4

Die Deutsche Nationalbibliothek verzeichnet diese Publikation in der Deutschen Nationalbibliografie; detaillierte bibliografische Daten sind im Internet über https://portal.dnb.de abrufbar.

Springer Gabler ist ein Imprint der eingetragenen Gesellschaft Springer Fachmedien Wiesbaden GmbH und ist ein Teil von Springer Nature.
Die Anschrift der Gesellschaft ist: Abraham-Lincoln-Str. 46, 65189 Wiesbaden, Germany

Vorwort

Dieses Vorwort wurde mit der Zielsetzung verfasst dem Leser einen Überblick über den forschungsrelevanten Kontext dieser Studie zu geben. Zunächst wird hierzu auf die Vierte Industrielle Revolution eingegangen um darauf aufbauend die Zielsetzung des Institutionellen Rollenmodells der Herbeiführung der Marktfähigkeit von innovativen Produkten und Services zu erläutern. Daraufhin wird der gegenwärtige Schwerpunkt der Anwendung des Institutionellen Rollenmodells beschrieben, wobei es sich um Projekte der Future4Mobility Projektfamilie im Kontext von Gaia-X handelt. Abschließend werden noch die Limitationen erläutert und ein Ausblick auf weiteren Forschungsbedarf gegeben. Die Autoren hoffen, dass diese einleitenden Seiten dem Leser einen guten Überblick über den forschungsrelevanten Kontext dieser Forschung verschaffen und dem Leser das Verständnis des Werks erleichtern.

Die Relevanz der Umsetzung von HydRON lässt sich insbesondere dadurch bestimmen, dass man sie im Kontext der sich gegenwärtig vollziehenden Vierten Industriellen Revolution untersucht, da hierdurch einleitend beschreibbar wird, welchen großen Einfluss die tatsächliche Umsetzung von HydRON auf die Wettbewerbsbedingungen von Europa im internationalen Vergleich haben könnte. Denn aufgrund der Vierten Industriellen Revolution befindet sich die Weltwirtschaft gegenwärtig und anhaltend im Umbruch. Neuartige Technologien wie Big Data, Künstliche Intelligenz, das Internet der Dinge oder digitale Zwillinge befinden sich im Modus der stetigen Weiterentwicklung und die Nationen und Unternehmen weltweit bemühen sich darum diesen allgegenwärtigen Wandel bedeutsam mitzugestalten, um sich in dem kompetitiven Umfeld des 21. Jahrhunderts erfolgreich zu halten. Denn es ist absehbar, dass nur wer sich auf die Entwicklung und den Einsatz der Schlüsseltechnologien versteht, über Erfolgschancen in dem kommenden Weltwirtschaftssystem verfügt, weswegen ein regelrechter Wettlauf der Nationen und Unternehmen um die bestmöglichen und zukunftsweisendsten Weiterentwicklungen dieser Schlüsseltechnologien stattfindet.

Die Weiterentwicklung dieser Schlüsseltechnologien hat weitreichende Bedeutung für die Aufrechterhaltung und Intensivierung der Wettbewerbsfähigkeit der deutschen Wirtschaft. Hierbei gilt es insbesondere zu bedenken, dass die Wettbewerbsfähigkeit der deutschen Wirtschaft nicht nur von ihrer Innovationskraft abhängig ist, sondern vor allem auch von der Geschwindigkeit, mit welcher diese Innovationen der Schlüsseltechnologien zur Marktreife gebracht werden. Es bedarf kapitalintensiver Investitionen, um einerseits hohe Produktivitätssteigerungen, als auch neue Wachstumschancen zu eröffnen. Aufgrund der Notwendigkeit kapitalintensiver Investitionen sind in Deutschland industrieübergreifende Hyperkooperationen erforderlich, welche sowohl diskriminierungsfrei als auch im Einklang mit wettbewerbsrechtlichen Vorgaben umgesetzt werden müssen. Für exakt diese Zielsetzung bietet sich die Theorie der Institutionellen Rollenmodelle an, da sie ebendiese erforderliche Hyperkooperation über verschiedene Industriezweige hinweg herzustellen vermag, um neuartige Innovationen und Technologien zur Marktreife zu führen, worauf weiter unten detaillierter eingegangen wird.

Im Zuge dieses sich vollziehenden technologischen Wandels ist es darüberhinausgehend von besonderer Bedeutung, dass zahlreiche der weiterzuentwickelnden Schlüsseltechnologien in einem Interdependenzverhältnis zueinanderstehen, weil die zielgerichtete Weiterentwicklung einer bestimmten Schlüsseltechnologie sich positiv auf die Bedingungen der Weiterentwicklung einer anderen Schlüsseltechnologie auswirkt. So wirkt sich beispielsweise die Aggregation massiver Datenmengen in der Form von Big Data positiv auf die Bedingungen der Weiterentwicklung der Künstlichen Intelligenz aus, weil die Künstliche Intelligenz auf dem Vorhandensein massiver Datensätze aufbaut, um ihr Potenzial ausschöpfen zu können. Die Gegebenheit von Big Data ist folglich für den Einsatz von Künstlicher Intelligenz unerlässlich. Gleichzeitig sind sowohl Big Data und Künstliche Intelligenz erforderlich, um das Internet der Dinge vorantreiben zu können.

Dieses ist wiederum wichtig, damit sich höhere Automatisierungsstufen im Verkehr erreichen lassen oder sich eine nachhaltige und funktionstüchtige Smart-Grid-Energieinfrastruktur errichten lässt. Sämtliche Technologien sind eng mit anderen Technologien verknüpft. Es lässt sich jedoch eine Grundlage bestimmen, die sich auf alle Technologien nahezu gleichermaßen als Katalysator auswirkt. Hierbei handelt es sich um die Möglichkeit des Transfers enormer Datenmengen von einem Akteur zu einem anderen Akteur, wie er durch die Errichtung der Satellitenkonstellation HydRON möglich werden würde. Denn HydRON würde es bewirken, dass enorme Datenmengen zeiteffizient, kostengünstig und sicher von einem Akteur zu einem anderen Akteur übertragen werden können, sodass die benötigten Daten zum richtigen Zeitpunkt an dem richtigen Ort gegeben sind, wodurch sich die Schlüsseltechnologien multipolar weiterentwickeln lassen. Aufgrund dessen bildet die laserbasierte Satellitenkommunikation von HydRON die Basis für die deutliche Verbesserung von Datenübertragungsprozessen, welche wiederum die wesentliche Grundlage für sämtliche Schlüsseltechnologien und abgeleitete Technologien des 21. Jahrhunderts darstellt. Darüber hinaus befindet sich nicht zuletzt auch Europa wie soeben bereits angedeutet im internationalen Wettlauf um die Verbesserung dieser Schlüsseltechnologien, weswegen insbesondere Europa von der Umsetzung von HydRON profitieren würde, weil es sich eben um ein europäisches Projekt mit entsprechender europäischer Expertise handelt. Es ist im Umkehrschluss davon auszugehen, dass ein Ausbleiben der Umsetzung von HydRON die internationalen Wettbewerbsbedingungen der europäischen Wirtschaft verschlechtern dürfte, da sich die europäischen Unternehmen zunehmend in die Abhängigkeit von außereuropäischen Technologien wie Starlink begeben könnten und es nicht absehbar ist, wie sie sich aus einer solchen Abhängigkeit mittelfristig und langfristig lösen könnten. Diese Studie verfolgt zwei thematische Zielsetzungen. Einerseits soll das Leistungsvermögen der Theorie der der Institutionellen Rollenmodelle und ihre Weiterentwicklungspotenziale herausgearbeitet und andererseits das europäische Raumfahrtprojekt HydRON vorgestellt werden.

Die Theorie der Institutionellen Rollenmodelle wurde von Wolfgang Schulz als Reaktion auf die Feststellung einer Vielzahl von Problemen bei der erfolgreichen Umsetzung von gemeinschaftlichen Projekten mit der Zielsetzung entwickelt, diese Probleme systematisch anzugehen und sodann lösungsorientiert zu beheben. So wird der langfristige Erfolg in gemeinschaftlichen Projekten oftmals dadurch verhindert, dass diese nur so lange verfolgt werden, wie eine externe Finanzierung sichergestellt ist und im Fall des Ausbleibens dieser die Projekte ein abruptes Ende finden. Dementsprechend arbeiten die involvierten Konsortialmitglieder über einen finanzierten Zeitraum zusammen. Sobald die Finanzierungsquelle jedoch keine Weiterfinanzierung leistet, ist das gemeinsame Projekt beendet, da die Bereitschaft zur projektbasierten Zusammenarbeit der Konsortialmitglieder von der Gegebenheit der externen Finanzierung abhängig ist. Die Problematik hierbei besteht jedoch nicht darin, dass gemeinschaftliche Projekte für das langfristige Funktionieren ihrer selbst von der Kontinuität externer Finanzierung abhängig sind, sondern dass vielmehr während des extern finanzierten Zeitraums keine Pläne und Visionen angefertigt werden, wie es langfristig im Anschluss an die Finanzierung weitergehen kann. Es handelt sich folglich um kein Problem der Angewiesenheit auf andauernde externe Finanzierung, sondern um eines des mangelnden Planungsbewusstseins im Hinblick auf die Sicherstellung des eigenständigen langfristigen Erfolgs.

Dieses mangelnde Planungsbewusstsein hat sowohl für die Konsortialmitglieder als auch die Finanzierer schwerwiegende unerfreuliche Folgen. Denn einerseits verenden mitunter jahrelange und mit zahlreichen Millionen Euro finanzierte Projekte in der Schublade und es werden neue Projekte gestartet, welche nach dem Ablauf des Finanzierungszeitraums dasselbe Schicksal ereignet. Andererseits werden wiederkehrend aufseiten des Finanzierers Gelder bereitgestellt, ohne dass Ergebnisse erzielt werden, die sich tatsächlich langfristig für alle beteiligten Konsortialmitglieder wirtschaftlich auszahlen, weil eine Wertschöpfung initialisiert und kontinuierlich vorangetrieben wird. Darüber hinaus stammt die Finanzierung häufig von staatlichen Stellen, was es nochmals ärgerlicher werden lässt, weil sich diese wiederkehrenden Investitionen von Steuergeldern nicht wirklich auszahlen. Die Theorie der Institutionellen Rollenmodelle widmet sich dieser Problemstellung, indem sie in ihre Theoriearchitektonik die Abfolge der verschiedenen Marktphasen von Beginn an inkorporiert, sodass vor der Umsetzung eines Konsortialprojekts Absprachen darüber getroffen werden, wie sich die Entwicklungsergebnisse der Entwicklungsphase in marktfähige Services und Produkte überführen lassen. Auf diese Weise leistet die Theorie der Institutionellen Rollenmodelle einen umfassenden Überblick über die verschiedenen sich an die Entwicklungsphase anschließenden Marktphasen und macht dadurch darauf aufmerksam, dass Vereinbarungen und Zielsetzungen getroffen werden müssen, welche die konsensuell getragene Weiterverwertung der Entwicklungsergebnisse ermöglichen. Diesbezüglich gilt es zu betonen, dass es wichtig ist, dass diese Absprachen unter den Konsortialmitgliedern bereits in einem frühen Stadium des Projekts getroffen werden, sodass im Verlauf des Projekts keine Unstimmigkeiten darüber auftreten, wie die Rollenverteilung im Anschluss an die Phase der externen Finanzierung ausfällt und zielgerichtet geregelt ist, welche Rollenverteilung im Sinne der erfolgreichen Weiterführung des Projekts am sinnvollsten ist.

Die Theorie der Institutionellen Rollenmodelle ermöglicht die strukturierte Planung der konsekutiven Marktphasen, indem sie die marktphasenübergreifend relevanten Institutionen und Rollen zu identifizieren und miteinander zu vernetzen vermag. Hierdurch verschafft sie der Planung die erforderliche Flexibilität im Umgang mit über den Zeitverlauf sich ergebenden Veränderungen, weil initial herausgearbeitet wird, welche Institutionen und welche Rolle in Bezug auf welche spezifische Marktphasen erforderlich sind, um den gesamten Systemverbund zu gestalten. Diese Flexibilität der Planung resultiert in erster Linie daraus, dass die Theorie der Institutionellen Rollenmodelle hinsichtlich der zu berücksichtigenden Institutionen und Rollen nicht auf die bestehenden Konsortialmitglieder festgelegt ist, da es durchaus der Fall sein kann, dass es für die Sicherstellung des mittelfristigen und langfristigen Erfolgs des Systemverbunds zusätzlicher Rollen und Kompetenzen bedarf, welche wiederum durch Dritte bereitgestellt werden, die gegenwärtig dem Systemverbund nicht angehören. Auf diese Weise werden frühzeitig potenzielle Engpässe in der Ausführung erforderlicher Rollen durch die entsprechenden Institutionen festgestellt, sodass die Planung sich dessen bewusst ist, dass diese Rollen zu einem späteren Zeitpunkt relevant werden könnten und besetzt werden müssten.

Daher wird für das Konsortialprojekt von Beginn an vorausschauend sichergestellt, dass für potenziell einsetzende Veränderungen Anpassungen in Bezug auf auszuführende Rollen und hinzuzukommende Institutionen bereits frühzeitig vorausgeplant sind, sodass sich unbeholfene Reaktionen verhindern lassen. Dies verschafft dem Konsortialprojekt langfristige Planungssicherheit und stärkt den Systemverbund. Darüber hinaus wird durch das Institutionelle Rollenmodell auch das Vertrauen der Konsortialpartner untereinander gesteigert, weil die einzelnen Prozessschritte nach demokratischen Prinzipien verfahren, sodass immerzu transparent und diskriminierungsfrei geregelt ist, wie Rollen einerseits bestimmt und nach welchen Kriterien die Rollen auf konkrete Institutionen übertragen werden. Denn insbesondere in Konsortialprojekten stellt es eine wesentliche Herausforderung dar, dass die Konsortialpartner im Kontext der zahlreichen gemeinsamen Arbeitsabläufe nicht in Kompetenzstreitigkeiten geraten, weil bestimmte Institutionen Rollen eigenständig übernehmen und sich aufgrund dessen andere Institutionen, welche die entsprechende Rolle ebenfalls gerne übernommen hätten, übervorteilt fühlen und die gemeinsame Zusammenarbeit aller Institutionen gefährdet ist. Denn es ist häufig der Fall, dass mehrere Institutionen eine bestimmte Rolle übernehmen wollen, weswegen es wichtig ist, dass es ein systematisches und demokratisches Verfahren gibt, welches evidenzbasierte Entscheidungshilfen den Konsortialpartnern bereitstellt, wie sich die verschiedenen Konsortialpartner im Hinblick auf die Übernahme einer spezifischen Rolle gegenseitig bewerten und welche Institution beziehungsweise welche Institutionen auf der Grundlage einer solchen Bewertung die Rolle schlussendlich übernehmen sollte. Das Kriterium der Transparenz besagt in diesem Zusammenhang, dass alle Institutionen gleichermaßen eine Einsicht in die Ergebnisse der wechselseitigen Kompetenzevaluationen im Hinblick auf die Rollenübernahme erhalten und sich einen holistischen Eindruck über das Evaluationsergebnis verschaffen können. Das Kriterium der Diskriminierungsfreiheit gibt demgegenüber in diesem Zusammenhang darüber Aufschluss, dass alle Institutionen als gleichwertige Partner die Kompetenzevaluationen der Rollenübernahme durch jeden potenziellen Partner vornehmen und keiner der Partner gegenüber anderen eine irgendwie geartete vorrangige Stellung innehat, welche als Vorbedingung in die Kompetenzevaluation eingeht. Dementsprechend stellen die Kriterien der Transparenz und Diskriminierungsfreiheit sicher, dass keine Benachteiligungen von Institutionen gegeben sind, die das Vertrauen in die Zusammenarbeit im Konsortialprojekt unterminieren und den Erfolg des Vorhabens beeinträchtigen.

Mittlerweile wird die Theorie der Institutionellen Rollenmodelle im Kontext anderer Projekte weiterentwickelt, wobei insbesondere drei miteinander zusammenhängende Projekte von Bedeutung sind. Hierbei handelt es sich um drei Gaia-X Projekte. Die Gaia-X Initiative beabsichtigt die Errichtung eines souveränen Dateninfrastruktur-Ökosystems für die europäische Wirtschaft, in welchem Daten untereinander ausgetauscht werden, sodass innovative Produkte und Services entstehen können, die wiederum die Wettbewerbsfähigkeit der europäischen Unternehmen gegenüber den amerikanischen und chinesischen Hyperscalern zu erhöhen. Die Notwendigkeit der Steigerung der Wettbewerbsfähigkeit der europäischen Unternehmen hängt damit zusammen, dass die amerikanischen und chinesischen Hyperscaler über enorme Datenmengen verfügen, sodass diese im Gegensatz zu den europäischen Unternehmen ihre Produktinnovationen und Serviceinnovationen skalieren können. Die Wettbewerbsfähigkeit einer Volkswirtschaft wird in Zukunft zunehmend von der Verfügbarkeit über enorme Datenmengen abhängen, weil aus der Analyse dieser neue Produktinnovationen und neue Serviceinnovationen hervorgehen, welche das Wirtschaftsgeschehen dominieren werden. Daher ist es gegenwärtig so wichtig, dass die europäische Wirtschaft durch den Datenaustausch ihre Wettbewerbsfähigkeit im internationalen Wettbewerbsumfeld steigert, weil die Datenmengen der amerikanischen und chinesischen Hyperscaler in der Zwischenzeit immer weiter heranwachsen bis hin zu dem Punkt, an welchem sie schier uneinholbar mehr sind. Aufgrund dieser nachteiligen wirtschaftlichen Lage der europäischen Wirtschaft wurde die Gaia-X Initiative ins Leben gerufen.

Die Gaia-X Initiative untergliedert sich in eine Vielzahl von Domänen, die jeweils einen anderen thematischen Datenraumfokus innehaben, sodass innerhalb bestimmter Datenräume exakt diejenigen Unternehmen interagieren, welche über relevante Daten für diese Domäne verfügen oder welche an relevanten Daten interessiert sind. Man kann sich vereinfacht gesagt diese Gaia-X Domänen als Subsysteme des Dateninfrastruktur-Ökosystems Gaia-X vorstellen. Das Institutionelle Rollenmodell wird in drei Projekten im Kontext der Gaia-X Domäne

Future4Mobility angewendet, wobei es sich namentlich um die Projekte Gaia-X4AMS, Gaia-X4ROMS und Gaia-X4MoveID handelt. In allen drei Projekten wird an zukunftsweisenden und datengetriebenen Mobilitätslösungen über einen Zeitraum von drei Jahren gearbeitet. Die Zielsetzung der Anwendung des Institutionellen Rollenmodells besteht nun darin, dass die in den Projekten erarbeiteten Entwicklungsergebnisse aus der Entwicklungsphase heraus erfolgreich in die Markteinführungsphase überführt werden können, indem Klarheit über die erforderlichen Institutionen, über die auszuführenden Rollen und sich potenziell über den Zeitverlauf ergebende Veränderungen besteht. Gaia-X stellt für das Institutionelle Rollenmodell einen interessanten und bedeutsamen Anwendungsfall dar, weil es einerseits um nichts Geringeres als die Errichtung eines wettbewerbsfähigen gesamteuropäischen Dateninfrastruktur-Ökosystems geht und andererseits das Gaia-X Ökosystem auf dem Prinzip der Dezentralität basiert, was eine neuartige Herausforderung darstellt. Die Studienergebnisse zu HydRON stellen im Kontext der weiterführenden Arbeit mit und an dem Institutionellen Rollenmodell in den drei Gaia-X Projekten eine wichtige Grundlage dar. Zugleich ist es ebenfalls möglich, dass die Studienergebnisse zu Gaia-X wiederum ergiebig für die weiterführende Forschung zu HydRON sind. Denn die tatsächliche Errichtung der vorgesehenen HydRON-Satellitenkonstellation erfordert sicherlich noch deutlich weiterreichende Begleitforschung hinsichtlich der markphasenübergreifenden Koordination der erforderlichen Institutionen und Rollen, weswegen die infolge der Anwendung des Institutionellen Rollenmodells in Bezug auf Gaia-X hinzugewonnenen Einsichten sich wertvoll im Hinblick auf anschließende Arbeit in HydRON erweisen könnten.

Diese Studie veranschaulicht sowohl das Potenzial von HydRON für den europäischen Wirtschaftsstandort als auch das Potenzial der Anwendung des Institutionellen Rollenmodells zur Strukturierung riskanter und gemeinschaftlicher Innovationsvorhaben anhand des Beispiels von HydRON. Die Autoren hoffen dementsprechend darauf, dass die nachfolgenden Kapitel dem Leser vor Augen führen, welches Potenzial sowohl in der tatsächlichen Umsetzung von HydRON und in der umfassenden Anwendung des Institutionellen Rollenmodells steckt. Hierfür werden im Kontext der Studie die einschlägigen Fachbegriffe des Institutionellen Rollenmodells sowie der Konzepte im Kontext von HydRON umfassend und detailliert erläutert und aufeinander bezogen. Daraufhin wird gezeigt, wie sich methodisch die für die Umsetzung von HydRON erforderlichen Institutionen und Rollen bestimmen lassen. Im Anschluss daran sind die ökonomischen, technischen und hybriden Rollenmatrizen visualisiert, sodass sich der Leser einen Überblick darüber verschaffen kann, wie aus der Anwendung des Institutionellen Rollenmodells resultierende Rollenmatrizen aussehen und welche Erklärungskraft ihnen innewohnt. Denn selbstverständlich werden diese Ergebnisse nicht nur visuell dargestellt, sondern auch umfassend beschrieben. In Bezug auf HydRON hat sich gezeigt, dass es nicht nur der Erfassung von ökonomischen und technischen Rollen bedarf, sondern ebenfalls hybride Rollen benötigt werden, weil diese nicht eindeutig ökonomischer oder technischer Natur sind. Hierin zeigt sich das Adaptionsvermögen des Institutionellen Rollenmodells, weil es auf das empirische Erfordernisse der Überarbeitung seiner Rollenerfassung in ökonomische und technische Rollen darauf reagiert, dass sich bestimmte Rollen diesem Schema nicht fügen. Insofern hat das Institutionelle Rollenmodell infolge der Anwendung auf HydRON in seinen theoretischen Grundlagen selbst eine kleine Überarbeitung erfahren. Abschließend werden die Limitationen der Studie dargelegt. Diesbezüglich ist es wichtig zu betonen, dass es sich bei den vorliegenden Ergebnissen um eine Vorstudie zu HydRON handelt, weil der tatsächliche Entwicklungsprozess von HydRON noch nicht angestoßen ist und es darüber hinaus gegenwärtig noch unklar ist, ob er definitiv angestoßen werden wird. Hierzu ist es sicherlich erforderlich, dass für die zahlreichen Akteure entsprechende Fördersummen für die Entwicklung und operative Umsetzung der Lasertechnologie bereitgestellt werden. Daher werden sich Veränderungen der Ergebnisse des Institutionellen Rollenmodells ergeben werden, wenn feststeht, welche Akteure tatsächlich ein HydRON-Konsortium bilden und auf welche Weise und in welcher Intensität sie involviert sein wollen.

Daher stellt der frühe Entwicklungsstand von HydRON eine Limitation für die Anwendung des Institutionellen Rollenmodells dar. Daran anknüpfend gilt es ebenfalls hervorzuheben, dass das Institutionelle Rollenmodell mit seiner übergeordneten Zielsetzung der Befähigung eines Konsortiums zur Hervorbringung der Marktfähigkeit seiner Produkte und Services nur dann gegeben ist, wenn das Rollenmodell in sämtlichen konsekutiven Phasen Anwendung finden kann, also den gesamten Entwicklungsgang eines Konsortiums moderierend begleitet. Im Fall dieser Studie zu HydRON ist dieses Kriterium der vollumfänglichen Anwendbarkeit des Rollenmodells nicht erfüllt, weil es sich wie bereits weiter oben beschrieben um eine Vorstudie handelt, deren Betrachtungszeitraum und Analysezeitraum nur einige Monate und nicht mehrere Jahre umfasst. Aufgrund dessen fehlt die Berücksichtigung der sich dynamisch im Projektverlauf ergebenden Veränderungen im Institutionellen Rollenmodell und die zielgerichtete Moderation dieser durch die Erkenntnisse des Institutionellen Rollenmodells. Gerade die Adaptionsgeschwindigkeit des Rollenmodells stellt eine wesentliche Stärke dessen dar, was aufgrund des frühen Stadiums von HydRON und des kurzen Betrachtungszeitraums in Kombination mit der tatsächlichen Umsetzungsunsicherheit in dieser Studie nicht vollumfänglich entfaltet werden konnte.

Nichtsdestotrotz handelt es sich um solide und ansprechende Analyseergebnisse, welche einen sehr guten Eindruck zum Leistungsvermögen des Institutionellen Rollenmodells verschaffen und einen ebenfalls sehr guten Ausblick darauf geben, was durch Analysen anhand des Institutionellen Rollenmodells alles möglich ist.

Abschließend sei nochmals betont, dass es für die erfolgreiche Umsetzung von HydRON oder auch von Gaia-X der Kombination aus kapitalintensiven Investitionen und aus industrieübergreifenden Hyperkooperationen bedarf, sodass diese Initiativen in einer schnellen Geschwindigkeit gemeinschaftlich zur Marktreife geführt werden können. Für die zielgerichtete Rollenermittlung und Rollenverteilung dieser erforderlichen industrieübergreifenden Hyperkooperationen stellt es eine unerlässliche Voraussetzung dar, dass eine komplexitätsadäquate Theorie wie diejenige der Institutionellen Rollenmodelle diese Aufgabe leistet und die Arbeiten der Kooperationspartner prozessual begleitet. Exemplarisch wird dies anhand des Beispiels von HydRON im Kontext dieses Buches vorgeführt.

Die Autoren hoffen darauf, dass der Leser zu spannenden Einsichten zur Tragweite und Relevanz der Umsetzung von HydRON sowie zum Leistungsvermögen von HydRON gelangt. Es sei abschließend noch einmal darauf verweisen, dass sich die Weltwirtschaft aktuell aufgrund der sich vollziehenden Vierten Industriellen Revolution inmitten einer immensen Transformation befindet und dass es für die Aufrechterhaltung der Wettbewerbsfähigkeit der Europäischen Wirtschaft der zielgerichteten Zusammenarbeit einer Vielzahl an Institutionen berdarf. Daher wollen die Autoren dieses Buches abschließend darauf hinweisen, dass großangelegte kooperative Innovationsvorhaben wie HydRON oder auch Gaia-X in der Zukunft immer zwecks des Erhalts der Wettbewerbsfähigkeit der Europäischen Wirtschaft im Wettbewerbsumfeld des 21. Jahrhunderts immer bedeutsamer und unverzichtbarer werden. Hierdurch bedingt steigt auch der Bedarf an Instrumenten wie demjenigen des Institutionellen Rollenmodells zur strukturierten Herbeiführung der Marktfähigkeit im Kontext dieser großangelegten kooperativen Innovationsvorhaben, sodass die auf der Basis hoher Fördersummen entwickelten Lösungen, wie eingangs beschrieben, nicht in der Schublade verschwinden, sondern tatsächlich umgesetzt werden und sich entfalten können. Abschließend gilt es mit Nachdruck darauf hinzuweisen, dass innovative Lösungen durch die europäische Wirtschaft und für die europäische Wirtschaft zeitnah gebraucht werden, da ansonsten die Gefahr des Bedeutungsverlusts gegenüber der internationalen Konkurrenz im Allgemeinen und der amerikanischen und chinesischen Konkurrenz im Spezifischen besteht. Denn die amerikanischen und chinesischen Unternehmen verfügen bereits gegenwärtig über enorme Datenmengen, welche ihnen einen immensen Wettbewerbsvorteil hinsichtlich der Entwicklung neuartiger datengetriebener Produkte und Services verschaffen. Daher kann die

Handlungsempfehlung nur lauten, dass zeitnah mit der Umsetzung von HydRON begonnen werden sollte. Nun bleibt nur noch zu sagen, dass wir dem Leser viel Vergnügen und spannende Einsichten beim Lesen der einzelnen Kapitel wünschen.

Wolfgang H. Schulz
Vincent Geilenberg
Oliver Franck
Hanspeter Rychlik
Nicole Joisten

Inhaltsverzeichnis

Abbildungsverzeichnis

Tabellenverzeichnis

1 Einleitung

In der heutigen Weltraumarchitektur gibt es im weitesten Sinne lediglich individuelle und singuläre Netzwerklösungen, die sich an unterschiedliche terrestrische und nicht-terrestrische Technologielösungen anknüpfen lassen. Die Frage, die mit dem HydRON Projekt beantwortet werden soll, ist, wie die siloartigen Strukturen aufgebrochen werden können, damit intersektorale Kooperationen zwischen verschiedenen Institutionen und Stakeholdern ermöglicht werden. Nicht nur die technologische Entwicklung aus der Ingenieursperspektive ist für den gesamtheitlichen Erfolg zwingend notwendig, sondern auch die ökonomische Kooperationsfähigkeit zwischen den einzelnen Institutionen.

Die Optimierung der Kooperationsfähigkeit ist eine der wesentlichen Voraussetzungen für die Markteinführung einer neuen komplexen Technologie wie der HydRON Technologie. Das Institutionelle Rollenmodell schafft einen strukturierten Rahmen, um ebendiese Kooperationsfähigkeit zu ermöglichen und damit eine neue Technologie mit der notwendigen Geschwindigkeit einzuführen.

Die vorliegende Untersuchung erfüllt die Kriterien einer empirischen Untersuchung durch die systematische Durchführung und Auswertung von Experteninterviews. Die Experten wurden dazu befragt, welche Institutionen für eine erfolgreiche Einführung der HydRON-Technologie zusammengeführt werden müssen. Darüber hinaus wurden sowohl technische als auch ökonomische Rollen identifiziert, die besonders berücksichtigt werden müssen, um die Anforderungen an die Markteinführung zu erfüllen. Die Triangulation dieser drei Dimensionen ermöglicht eine holistische Betrachtung in Bezug auf die Einführung einer neuen Technologie. Dies ermöglicht zum einen eine netzwerkartige Kooperation zwischen den Partnern und zum anderen ist allen Partnern zu jedem Zeitpunkt

W. H. Schulz et al., *Das Satellitenkommunikationsprojekt HydRON für die baden-württembergische Industrie*, Mobilität – Innovation – Transformation,
https://doi.org/10.1007/978-3-658-47148-4_1

klar, welche Rollen und Aufgaben – seien sie ökonomischer oder technischer Natur – wann und wie erfüllt werden müssen, um die Resilienz und Viabilität des HydRONÖkosystems sicherstellen zu können.

Die vorliegende Studie liedert sich wie folgt: Zunächst wird eine Status-quo-Erhebung durchgeführt, die die internationale Wettbewerbssituation betrachtet und die Relevanz der HydRON-Technologie für den Wirtschaftsstandort Baden-Württemberg hervorhebt. In einem weiteren Schritt wird die Methodik der Theorie der Institutionellen Rollenmodelle erläutert. Diese dient als Basistheorie, um die netzwerkartige Kooperationsstrukturen zu ermöglichen. Darauf aufbauend wird die empirische Methode der teilstrukturierten Experteninterviews beschrieben und die genaue Vorgehensweise (z. B. Auswahl der Fragen und Interviewpartner) erörtert. Das dritte Kapitel fasst im Wesentlichen die Ergebnisse der Experteninterviews zusammen und nimmt eine erste analytische Ableitung vor, wie mögliche Rollenmatrizen für eine schnelle und erfolgreiche Umsetzung der HydRON-Technologie aussehen könnten. Die analytische Herleitung umfasst sowohl deskriptive als auch interpretative Bausteine, die zu einem ersten Entwurf einer Rollenmatrix führen. Aus diesem ersten Entwurf der Rollenmatrix werden Handlungsempfehlungen für die Umsetzung von HydRON abgeleitet, die im vierten Kapitel diskutiert werden und in Handlungsempfehlungen für den Standort Baden-Württemberg münden. Abschließend werden mögliche Forschungs- und Handlungsperspektiven sowie mögliche Limitationen aufgezeigt.

1.1 HydRON und die Weltraumindustrie

Dieses Kapitel bietet einen Überblick über zentrale Themen im Kontext von HydRON und der Weltraumindustrie. Zunächst ist es hierzu wichtig ein gesamteuropäisches Weltraumprojekt wie es HydRON darstellt im Hinblick auf eine gesellschaftliche, wirtschaftliche und technologische Transformation begreiflich werden zu lassen, die sich die Vierte Industrielle Revolution nennt. Diese Vierte Industrielle Revolution, welche durch Technologien wie vor allem die Künstliche Intelligenz (KI), Big Data und das Internet of Things (IoT) ausgelöst und vorangetrieben wird, erschüttert die Fundamente und bisherige Operationsweise sämtlicher Industrien zu denen auch die Weltraumindustrie selbst zählt.

Aufgrund dessen ist es unerlässlich, die Treiber dieser fundamentalen Transformation in ihren Wirkmechanismen zu identifizieren und zu analysieren, um die Weltraumindustrie im Allgemeinen und das Projekt HydRON im Spezifischen im Hinblick auf diese Transformationsprozesse adäquat kontextualisieren zu können. Anschließend wird darauf eingegangen, wie sich die Weltraumindustrie im Laufe der vergangenen Jahrzehnte gewandelt hat. Hierbei liegt der Fokus insbesondere auf dem Wandel von einer primär staatlich geführten Förderung und Umsetzung von Weltraumvorhaben und Weltraumtechnologien hin zu einer privatwirtschaftlich angeführten staatlichen Finanzierung derselben, die heutzutage unter dem Namen New Space Economy bekannt ist. Im Zuge des historischen Überblicks wird auch auf die wegweisende Bedeutung des Kalten Krieges zwischen den USA und der Sowjetunion eingegangen, da dieser gewissermaßen die Initialzündung für die Entstehung und Weiterentwicklung zahlreicher für die Nutzung im Weltraum bestimmter Technologien darstellt.

Folglich wird auf den Anlass der Entwicklung der ersten funktionstüchtigen Weltraumtechnologien und die Art der Wandlungsform im Laufe der Zeit eingegangen. Diese Ausführungen münden in einen Blick auf die Gegenwart der Weltraumindustrie, indem das Technologiewettrennen zwischen vor allem den USA und China im Weltraum beschrieben wird. Diese Ausführungen verdeutlichen die Relevanz der Weltraumtechnologien und insbesondere der Satellitentechnik für die Gewährleistung eines reibungslosen Ablaufs vielfältiger terrestrischer Technologien wie der Smart City oder dem automatisierten Fahren der Zukunft. Es wird deutlich werden, dass zukunftsweisende Weltraumtechnologien wie die optisch-laserbasierte Satellitenkommunikation für die Bereitstellung von flächendeckendem Internet aufgrund des hohen Bedarfs immer wichtiger wird und nach einer schnellen Umsetzung verlangt.

Zusammenfassend werden also 1) die Charakteristika der Vierten Industriellen Revolution in Bezug auf die Weltraumindustrie, 2) die Anfänge und der Wandel der Weltraumindustrie bis heute, 3) die aktuelle Relevanz und die gegenwärtigen Herausforderungen der Weltraumindustrie unter besonderer Berücksichtigung der Relevanz der Satellitentechnik chronologisch dargestellt, um dem Leser einen fundierten Überblick zu geben, der als Hintergrundwissen für das Verständnis des Projektes HydRON unerlässlich ist. Im Folgenden werden nun die einzelnen Aspekte einzeln und ausführlich behandelt.

1.2 Die Weltraumindustrie und die Vierte Industrielle Revolution

Die Weltraumindustrie wird von einem Wandel beeinflusst, der sämtliche Industrien grundlegend verändern wird. Bei diesem Wandel handelt es sich um die Vierte Industrielle Revolution, die auf den Errungenschaften der vorausgegangenen drei Industriellen Revolutionen aufbaut und auf diese durch den Einsatz und die Verbreitung von neuen Technologien ihrerseits einwirkt. Die Erste Industrielle Revolution begann 1760 mit der Erfindung der Dampfmaschine durch James Watt, die völlig neue Produktionsprozesse ermöglichte. Darauf aufbauend setzte mit der Erfindung des Verbrennungsmotors und der Elektrizität im Jahr 1900 die Zweite Industrielle Revolution ein. Die Dritte Industrielle Revolution wurde in den 1960er Jahren durch die Erfindung der halbleitergestützten Informationstechnologie und deren anschließende rasante Implementierung in allen Industrien ausgelöst und wird nun wiederum von der Vierten Industriellen Revolution abgelöst (Xu et al., 2018, S. 91).

Es gibt einige technologische Treiber der Vierten Industriellen Revolution. Von zentraler Bedeutung sind in diesem Zusammenhang das Internet of Things (IoT), die Künstliche Intelligenz (KI), Big Data, Robotik, das Cloud Computing sowie digitale Plattformen. Charakteristisch für die Vierte Industrielle Revolution ist, dass es zu einer stärkeren Verzahnung der cyber-physischen Systeme (CS) im Kontext der industriellen Herstellung kommt, die deren Verfahrensweise revolutioniert (Li et al., 2017, S. 626). Diese globale Transformation der Wirtschaftswelt hat Diskussionen darüber entfacht, wie die Potenziale der Vierten Industriellen Revolution am besten genutzt werden können. Dabei ist zu berücksichtigen, dass die verschiedenen Technologien vor allem in ihrer wechselseitigen Kombination vielversprechend weiterentwickelt werden können. So kann das Internet of Things (IoT) vielversprechend mit der Künstlichen Intelligenz kombiniert werden, da durch Ersteres massive Datenmengen generiert werden, die wiederum für den zielführenden Einsatz der Künstlichen Intelligenz essenziell und unverzichtbar sind.

Die verbesserte Künstliche Intelligenz wirkt sich sodann wiederum auf die smarten Geräte im Internet of Things (IoT) aus, indem diese aufgrund der besseren zugrundeliegenden Künstlichen Intelligenz ihrerseits smarter werden. Auf diese Weise entstehen wichtige Synergien zwischen den Technologien, die auf einem wechselseitigen Verstärkungseffekt beruhen und welche es folglich auszunutzen gilt. Die wesentliche Charakteristik des Internet of Things (IoT) stellt das enorme Ausmaß der Konnektivität aller miteinander verknüpften smarten Geräte dar, wobei es sich um eine natürliche Extension des World Wide Web handelt, welches nun immer mehr auch physische Objekte umfasst. Es ermöglicht die instantane Erfassung, Übertragung und Auswertung sämtlicher Informationen der verschiedenen smarten Geräte und ermöglicht dadurch die instantane Entscheidung über und das Ausführen von koordinierten Aktionen, weswegen es sich um ein smartes cyber-physisches System handelt (Chou, 2019, S. 107 f.).

Die Vierte Industrielle Revolution geht zugleich mit einem massiven Wandel des Arbeitsmarktes einher, da technologiebedingt etablierte Berufe durch das technologische Leistungsvermögen verändert oder gänzlich ersetzt werden und wiederum ebenfalls neue Berufe entstehen. Es stellt sich daher die Frage, ob und in welchem Ausmaß die menschliche Arbeitskraft durch die Technologien der Vierten Industriellen Revolution einerseits augmentiert und andererseits automatisiert wird. Wann immer die Technologien dazu beitragen, dass Menschen mit ihrer Arbeitskraft ein Leistungsvermögen erlangen, welches ohne den technologischen Einsatz undenkbar ist, dann stehen die Technologien in einem komplementären Verhältnis zu den Menschen. Infolgedessen steigert sich der Wert der menschlichen Arbeitskraft und sie gewinnen an Verhandlungsmacht auf dem Arbeitsmarkt. Wann immer jedoch die Technologien die menschliche Arbeitskraft automatisieren, dann wird deren Bereitstellung überflüssig und in der Folge verlieren die Arbeitnehmer an Verhandlungsmacht auf dem Arbeitsmarkt, da ihre Arbeitskraft technologisch substituiert wurde (Brynjolfsson, 2022, S. 273). Daher lässt sich sagen, dass sich neben der Frage nach der zielgerichteten Weiterentwicklung der Schlüsseltechnologien der Vierten Industriellen Revolution auch die damit verbundene Frage stellt, wie sich die Auswirkungen auf den Arbeitsmarkt beziffern lassen und welche Maßnahmen diesbezüglich zu ergreifen sind. Darüber hinaus ist absehbar, dass die Auswirkungen auf den Arbeitsmarkt nicht inkrementell, sondern fundamental und drastisch sein werden. Es gilt folglich die Inhalte des Bildungssystems und Weiterbildungssystems an die Erfordernisse der Vierten Industriellen Revolution anzupassen und die Arbeitnehmer mit zukunftsträchtiger Expertise auszustatten. Dieser technologieinduzierte strukturelle Wandel des Arbeitsmarktes kann eine starke Segregation desselben auslösen, indem vielfach Arbeitnehmer entlassen werden und zugleich vielfach Arbeitnehmer mit den geforderten Fähigkeiten überproportionale Gehälter beziehen, was das Potential für soziale Spannungen beinhaltet (Xu et al., 2018, S. 93).

Die Transformation der Berufsfelder ist deswegen so tiefgreifend, weil im Zuge der Verbesserung und Verbreitung der Technologien der Vierten Industriellen Revolution smarte Fabriken mit smarten Produktionsverfahren entstehen und sich ausbreiten werden, welche auf der Kombination aus den Technologien der 1) Künstlichen Intelligenz, 2) Big Data, 3) dem Internet of Things und 4) der Robotik aufbauen. Natürlich sind diese smarten Fabriken und smarten Produktionsverfahren von hoher Relevanz für die ohnehin immer schon technologieintensive Weltraumindustrie, aber dies gilt genauso für nahezu jede andere Industrie der Gegenwart und Zukunft. Die kontinuierliche Verbesserung der maschinellen Fähigkeiten hat zur Folge, dass Berufe, die jahrelange Erfahrung zur Voraussetzung haben, durch Maschinen substituiert werden können, weswegen Umschulungen einen immer höheren Stellenwert einnehmen werden. So könnten neuartige Berufsfelder entstehen, die um die Technologien der Vierten

Industriellen Revolution kreisen wie Internet-of-Things Ingenieure (Chou, 2019, S. 111 f.).

Aufgrund der Tatsache, dass die Auswirkungen der Vierten Industriellen Revolution sämtliche Industrien in ihren Fundamenten erschüttern, sind die Konsequenzen schwierig vorherzusagen (Schäfer, 2018, S. 10). Dementsprechend ist es unwahrscheinlich, dass Regierungen im Vorhinein exakt beziffern können, welche Innovationen und Technologien die menschliche Arbeitskraft tendenziell eher augmentieren und welche sie wiederum eher automatisieren, weil viele Technologie jeweils Aspekte beinhalten, die beide Optionen in gewisser Weise möglich machen. Generell hängt viel davon ab, wie man die Technologien einsetzt, weil beide Optionen offenstehen und beide Optionen mit Produktivitätszuwächsen verknüpft sind. Optimistisch stimmt dabei, dass industriegeschichtlich betrachtet die Augmentierung menschlicher Arbeitskraft über die vergangenen Jahrhunderte eine größere Bedeutung als die Automatisierung erfahren hat (Brynjolfsson, 2022, S. 275 f.).

1.3 Die technologischen Treiber der Weltraumindustrie

Die gesamte Weltraumindustrie befindet sich folglich im Zuge der Vierten Industriellen Revolution im Prozess des technologischen Wandels. Denn Big Data in Verbindung mit der Künstlichen Intelligenz, smarten Herstellungsverfahren sowie Automatisierungsmöglichkeiten hat eine immer größere Bedeutung für die Gestaltung und Erweiterung der Industrieaktivitäten der Weltraumindustrie. Big Data Analytics ermöglicht die Analyse immenser Datenmengen und bietet Optimierungspotentiale hinsichtlich der Steigerung der Produktqualität, indem beispielsweise Energie bei der Herstellung eingespart wird. Das Internet of Things (IoT) hat ebenfalls einen gewaltigen Einfluss auf die Weltraumindustrie, weil immer mehr Geräte mit Sensoren ausgestattet werden und dadurch ihrerseits Daten generieren, versenden und von anderen verknüpften Geräten empfangen, wodurch neuartige dezentrale Kontrollmöglichkeiten der technischen Abläufe gegeben sind.

Die zunehmende Vernetzung sämtlicher smarter Geräte birgt natürlich ein im gleichen Ausmaß anwachsendes Sicherheitsrisiko, da sich Unbefugte Zugang verschaffen, sensible Informationen stehlen oder einen unmittelbaren Schaden verursachen könnten. Daher werden kryptographische Verschlüsselungsverfahren immer wichtiger, die dafür Sorge tragen, dass es ein ausgefeiltes Berechtigungsmanagement für vernetzte Maschinen und Benutzer gibt, die eine andauernd zuverlässige und sichere Kommunikation garantieren. Es ist folglich davon auszugehen, dass der Bedarf eines funktionierenden Cybersecurity-Managements in der Weltraumindustrie einen immer höheren Stellenwert einnehmen wird, je mehr smarte Geräte miteinander vernetzt sind und je sensibler die auszutauschenden Informationen sind.

Eine weitere die Weltraumindustrie der Gegenwart und Zukunft prägende Technologie stellt im Kontext der additiven Herstellungsverfahren der 3D-Druck dar, der es ermöglicht, dass weniger Einzelteile umständlich über den Globus versendet werden müssen, um dann zusammengebaut werden zu können, da diese alle nach einem digitalen Bauplan bereits an einem beliebigen Ort von einem entsprechenden 3D-Drucker ausgedruckt und kombiniert werden. Dadurch lassen sich immense Transportkosten und potentielle Verzögerungen durch den Transport zielgerichtet umgehen und man gewinnt deutlich an Flexibilität im Herstellungsprozess. Schließlich gewinnen Cloud-Technologien angesichts der enormen zu verarbeitenden Datenmengen an Bedeutung (Aloini et al., 2020, S. 68 f.).

Zusammenfassend lässt sich also festhalten, dass eine Vielzahl technologischer Treiber Einfluss auf die Weltraumindustrie nimmt und diese sukzessive transformiert. Bedingt durch diesen voranschreitenden technologischen Wandel ergeben sich neuartige Marktsegmente, die auf diesen neuartigen Technologien aufbauen und dadurch die Weltraumindustrie im Sinne des New Space disruptiv verändern. Die New Space Philosophie basiert auf mehreren ineinandergreifenden Säulen. Einerseits setzt sie auf wichtige Technologietransfers aus anderen Branchen wie der Lean Management Philosophie aus dem Automobilbereich und andererseits zeichnet sie sich durch eine immer stärker werdende Kundenorientierung aus, um sich responsiv an deren wechselnde Bedürfnisse anpassen zu können. Darüber hinaus baut sie auf dem Vorhandensein und dem Einsatz der soeben beschriebenen technologischen Neuerungen auf, um ihre Wirksamkeit zu entfalten.

1.4 Staat und Privatwirtschaft im Kontext der Weltraumindustrie

Seit Beginn der modernen Raumfahrt gibt es Diskussionen darüber, welche Art von Projekten vom Staat und welche vom Privatsektor vorangetrieben werden sollten. Manager aus der Privatwirtschaft argumentieren, dass eine Beteiligung der Privatwirtschaft an der Raumfahrtindustrie vor allem deshalb wichtig ist, weil nur so sichergestellt werden kann, dass auch die kommerziellen Interessen der

Raumfahrt berücksichtigt werden. Der entscheidende Unterschied zwischen einer staatlichen und einer privatwirtschaftlich geführten Raumfahrtindustrie besteht darin, dass sich privatwirtschaftliche Akteure in einem wettbewerbsorientierten Marktumfeld behaupten müssen, während der Staat dieser Anforderung nicht unterliegt.

In den Anfängen der modernen Raumfahrt dominierte eindeutig der Staat, wobei die Gründe hierfür offenkundig sind. Die USA befanden sich im Kalten Krieg mit der Sowjetunion, und die Raumfahrt bot beiden die Möglichkeit, ihre technologische Überlegenheit weltweit und öffentlichkeitswirksam zu demonstrieren. Daher sind sie in einen Wettlauf um die Erfindung der besseren Weltraumtechnologien eingestiegen, weswegen zu Beginn der Raumfahrt die staatlichen Interessen und Ziele dominierten. Die NASA wurde damit einhergehend von den USA gegründet, um 1) die nationale Sicherheit zu gewährleisten; 2) die Grundlagenforschung weiterzuentwickeln und 3) den nationalen Stolz in die technologischen Errungenschaften zu intensivieren. Der staatliche Ansatz geriet in der Folge zweier fürchterlicher Unfälle nach der Beendigung des Kalten Kriegs ins Wanken. Denn im Jahr 1986 ist das bemannte Challenger Space Shuttle und daraufhin im Jahr 2003 das ebenfalls bemannte Columbia Space Shuttle explodiert, was ein grundsätzliches Umdenken ausgelöst hatte. Im Zuge dessen wurden die Aktivitäten der NASA auf derartige zurückgefahren, für deren Ausführung nachweislich nur der Staat infrage kommt und das Space Shuttle Programm im Jahr 2011 für beendet erklärt (Weinzierl, 2018, S. 175).

Neben den beiden katastrophalen Unfällen spielten auch die bekannten Schwächen der staatlichen Umsetzung eine bedeutsame Rolle. So bestehen bei der staatlichen Umsetzung wenig Anreize für eine effiziente Allokation der Ressourcen und eine schwache Aggregation der verteilten Informationen. Ein weiterer nicht zu vernachlässigender Faktor ist die Tatsache, dass sich die Prioritäten und Vorgaben der NASA infolge des regelmäßigen Wechsels von politischen Amtsträgern selbst verändert haben, was eine verlässliche und langfristige Planung erschwert hat. Der Strategiewechsel der NASA von der eigenen Koordination und Durchführung von Weltraumaktivitäten hin zur Auftragsvergabe an privatwirtschaftliche Weltraumunternehmen hat maßgeblich zur Entstehung von neuen Unternehmen der Weltraumindustrie beigetragen.

Insbesondere Multimilliardäre wie Elon Musk, Jeff Bezos, Richard Branson oder Paul Allen haben ihr immenses Privatvermögen für die Gründung neuer Weltraumunternehmen verwendet und dadurch die hohen Fixkostenbarrieren der Markteinführung in der Weltraumindustrie überwunden und arbeiten allesamt an zukunftsträchtigen und innovativen Ansätzen. Auf Seiten der NASA bestand die richtungsweisende Innovation darin, sich als Partner und nicht als Aufseher der privaten Auftragnehmer zu positionieren. Dadurch verlagerte sich das Risiko von der NASA zu den privaten Auftragnehmern, wodurch die NASA ihre Überwachungskosten erheblich senken konnte, die nun für andere Zwecke verwendet werden können. Die amerikanische Privatwirtschaft hat die Neupositionierung der NASA im oben beschriebenen Sinne gerne angenommen, da sie die Übernahme von Risiken als ihre Kernkompetenz ansieht und das Monitoring sie an der Entfaltung dieser Kernkompetenz hindert (Weinzierl, 2018, S. 180).

1.5 Das neue Space Race

Zwischen den USA und China findet gegenwärtig ein Wettlauf um den Weltraum statt. Die Verfügung über fortschrittliche Weltraumtechnologien hat eine hohe nationale strategische Relevanz, weil diese das Wirtschaftsgeschehen auf der Erde maßgeblich koordinieren und dieses darüber hinaus zum Erliegen käme, falls es die Weltraumtechnologien nicht gäbe. Beispielsweise würde das globale Finanzwesen ohne das Vorhandensein des Global Positioning Systems (GPS) kollabieren. Das Global Positioning System (GPS) leistet die Koordination von Automobilen, Flugzeugen und Schiffen in Echtzeit, indem es deren spezifische Position erfasst und es ist dafür verantwortlich, dass ein Großteil der globalen digitalen Kommunikation funktioniert (Martel & Yoshihara, 2003, S. 20).

China wiederum ist bestrebt aufgrund dieser Relevanz der Weltraumtechnologie für die Koordination irdischer technologischer Abläufe eine eigene orbitale Konstellation von Satelliten zu installieren, um das wirtschaftliche Wachstum zu stimulieren, das nationale Prestige zu erhöhen und Schlüsseltechnologien gezielt weiterzuentwickeln. Schließlich verfolgt China die Zielsetzung der Installation einer eigenen orbitalen Satellitenkonstellation auch deswegen, um von den amerikanischen Weltraumtechnologien unabhängiger zu werden und die nationale Sicherheit zu gewährleisten (Stovpets & Svyrydenko, 2020, S. 59). Allgemein sind die Weltraumbestrebungen Chinas im Kontext des „Space Dream" zu verorten, welcher vorsieht, dass China seine industrielle, technologische, diplomatische und militärische nationale Stärke im Weltraum gegenüber anderen Nationen steigert und dadurch die „Große Verjüngung der Chinesischen Nation" erreicht (Filijovic, 2020, S. 15). China beklagt, dass die USA ihre selbsternannte Weltraumhoheit nicht auflockern wollen, was aufgrund der Abhängigkeit von der amerikanischen Technologie eine Bedrohung der nationalen Sicherheitsinteressen darstellt, wohingegen die USA demgegenüber der Auffassung sind, dass die chinesischen Weltraumambitionen den Versuch darstellen, die amerikanischen Sicherheitsinteressen gefährden zu wollen. Daher handelt es sich um eine

Kollision amerikanischer und chinesischer Interessen im Weltraum, die weiterführendes Konfliktpotential im Sinne eines strategischen Wettbewerbs zwischen Washington und Beijing bereithält (Martel et al., 2003, S. 19).

Aufgrund der hohen Bedeutung von Satellitennetzwerken für die terrestrisch-technologische Infrastruktur in Bezug auf die Sammlung, Analyse und Übertragung von Informationen sind Satellitenkonstellationen auch eine strategische militärische Ressource für die nationale Sicherheit, weshalb es immer wichtiger wird, über sie zu verfügen, um die nationale Sicherheit zu gewährleisten (Stovpets et al., 2020, S. 65). Die Verfügung über eine technologisch überlegene orbitale Satellitenkonstellation bietet den geoökonomischen Vorteil, andere Staaten für die Installation und langfristige Nutzung der eigenen technologischen Infrastruktur zu gewinnen, da diese Zuverlässigkeit und Durchsetzungskraft erwarten können. Daraus lässt sich schlussfolgern, dass sowohl für die USA als auch für China die Erschließung neuer Absatzmärkte in Zukunft nicht nur maßgeblich von halbleiterintensiven terrestrischen Technologien, sondern auch von halbleiterintensiven Weltraumtechnologien wie vor allem Satellitenkonstellationen abhängen wird, was den Wettbewerb um die Technologieführerschaft im Weltraum erheblich verschärfen wird.

Es stellt sich nun die Frage, inwieweit die Themen 1) Vierte Industrielle Revolution, 2) Wettlauf zwischen den USA und China um den Weltraum und 3) Wandel der Weltraumindustrie mit dem Projekt HydRON in Verbindung stehen. Europa ist derzeit führend im Bereich der laserbasierten optischen Kommunikationstechnologien und der optischen Datenübertragungsdienste. Dies ist jedoch nur eine Momentaufnahme, da weltweit sowohl von der Wirtschaft als auch von der Wissenschaft getriebene Projekte versuchen, zum Stand der Technik aufzuschließen, um in einem weiteren Schritt selbst Technologieführer zu werden. Allgemein lässt sich festhalten, dass optische Kommunikationstechnologien in der Weltraumindustrie als eine der maßgeblichen disruptiven Technologien angesehen werden. Die Vorteile der Technologie liegen in den hohen Datenübertragungsraten, den hohen Datensicherheitsstandards und der Resilienz des Systems. Um die Industrie bei der Weiterentwicklung dieser Schlüsseltechnologie zu unterstützen, ist es wichtig, einen engen Kreislauf zwischen der Identifizierung von Markttrends, dem Entwurf von Systemen und Teilsystemen, der Demonstration und der Normung zu schaffen.

Damit es zu der Erreichung von optimalen Lösungen in jedem Bereich kommen kann, ist darüber hinaus eine enge Zusammenarbeit zwischen der Industrie, Forschungsinstituten, Betreibern, Diensteanbietern, Normungsgremien und Experten notwendig, um gemeinsam die erforderlichen Entwicklungspläne der Technologie zu erarbeiten und festzulegen, die vollumfänglichen Potentiale der optischen Kommunikationstechnologien zu erschließen und die Industrie dabei zu unterstützen, die daraus resultierenden Marktchancen zu nutzen (Hauschildt, Elia, Jones, Moeller & Armengol, 2019). Das Projekt HydRON ermöglicht es folglich der europäischen Weltraumindustrie ihre Technologieführerschaft in Form der großangelegten Anwendung ihrer technologischen Fähigkeiten auszubauen und Technologieführer zu bleiben. Gleichzeitig benötigen die Schlüsseltechnologien der Vierten Industriellen Revolution wie die Künstliche Intelligenz oder das Internet of Things (IoT) hohe Datenübertragungsraten und Datensicherheitsstandards, weswegen HydRON für die Schlüsseltechnologien sämtlicher Industrien einen wichtigen Beitrag zur Bereitstellung der kritischen Dateninfrastruktur der Zukunft leisten kann.

Die Realisierung von HydRON verbindet somit zwei Vorteile: Zum einen wird die Technologieführerschaft in der Schlüsseltechnologie der optischen Laserkommunikation in der Weltraumindustrie gefestigt und ausgebaut, zum anderen ermöglicht diese Realisierung die Weiterentwicklung wesentlicher industrieübergreifender Schlüsseltechnologien der Zukunft, wie sie oben im Kontext der Diskussion der Charakteristika der Vierten Industriellen Revolution beschrieben wurden. Darüber hinaus demonstriert Europa mit der Umsetzung von HydRON seine technologische Leistungsfähigkeit im Weltraum und kann der Gefahr einer Verschärfung der Dynamik im Wettlauf um den Weltraum zwischen den USA und China entgegenwirken, indem es als dritter Akteur seine Verhandlungsposition bei weltraumbezogenen Abkommen und Verträgen stärkt. Daher hat HydRON auch eine geopolitische Dimension. Schließlich stärkt HydRON die europäische Weltraumindustrie, um sich gegenüber der Konkurrenz mit vor allem den amerikanischen Weltraumunternehmen des New Space zu behaupten. Wichtig ist auch, dass das Projekt HydRON zügig umgesetzt wird, da Europa sonst einerseits die Technologieführerschaft in dieser Schlüsseltechnologie an die außereuropäische Konkurrenz verlieren könnte und andererseits Engpässe in der Bereitstellung der notwendigen Dateninfrastruktur für die florierenden Industriezweige der Vierten Industriellen Revolution entstehen könnten. HydRON kann seine Vorteile insbesondere dann ausspielen, wenn die terrestrische Bereitstellung aufgrund verschiedener Faktoren nicht funktionieren sollte.

Die HydRON-Technologie (Hydron Fibre, HF) ist eine mögliche Schlüsseltechnologie der Zukunft, die den Industriestandort Baden-Württemberg und Deutschland stärken soll und die internationale Wettbewerbsfähigkeit garantieren kann.

Relevant ist HydRON, weil es einen First-Mover-Advantage und Spill-Over-Effekte ermöglichen kann. Daher sollte HydRON schnell in Deutschland umgesetzt werden. Ebenso können Synergieeffekte generiert (vgl. I3, F.4) und genutzt werden, sowie Produktinnovationen vorangetrieben werden, weil neue marktfähige und im nächsten Schritt auch exportfähige Produkte aus HydRON heraus entwickelt werden können. Wenn HydRON im Export erfolgreich wird, können Monopolgewinne im Ausland erzeugt werden, die in Form von Rent-Shifting die inländische Wohlfahrt erhöhen. Ebenfalls als Folge von Exporten kann eine strategic entrance deterrence (Sylos-Labini Postulat) bewirkt werden: ausländische Oligopolisten und Monopolisten, die schon jetzt in hydron-nahen Bereichen forschen, können dadurch destabilisiert werden, da Europa durch First-Mover-Advantage, Spill-Over-Effekte sowie Synergieeffekte eigene ökonomische Vorteile generieren kann. Zudem können diese neuen komplexen technologischen Lösungen bereits bestehende Agglomerationseffekte stärken und neu generieren, um so hochqualifizierte Beschäftigung anzuziehen.

Aufgrund der Transformation der Automobilindustrie und der demografischen Entwicklungen in Deutschland besteht eine Tendenz negativer Beschäftigungs- und Wachstumseffekte; HydRON ermöglicht Zulieferindustrien der Automobilindustrie, technologisches Know-How weiterzuentwickeln, Prozessinnovationen voranzutreiben und die eigene Faktorspezifität zu erhöhen, um so die negativen Effekte der oben genannten Transformation kompensieren zu können. Außerdem haben eben diese kapitalintensiveren Produktionen, wie beispielsweise Automobilzulieferer, die Chance, die höchsten Renditen zu erzielen, was wiederum in einem Re-Switching Effekt und höheren Steuereinnahmen resultiert. Denn im volkswirtschaftlichen Wettbewerb sowie im Wettbewerb um Produktionsstandorte ist die Kapitalintensität der Produktion weitaus bedeutender als die Lohnkosten; und HydRON als hochkomplexe technologische Lösung mit hohen Anforderungen an Humankapital, Produktionsprozesse und Ressourcen, wird eine höhere Kapitalintensität erfordern als die bisher in Baden-Württemberg ansässigen Industrien. Dadurch wird das Faktor-Proportionen-Verhältnis gegenüber anderen Standorten/Volkswirtschaften hinsichtlich der Kapitalausstattung deutlich erhöht. So entsteht ein nachhaltiger Wettbewerbsvorteil, der auch die Widerstandsfähigkeit Baden-Württembergs gegenüber unerwarteten negativen Einflüssen langfristig verbessert wird. Zuletzt besteht eine Dringlichkeit als erster in diese Technologie zu investieren, um von dem Kapazitätserweiterungseffekt Gebrauch machen zu können. Dies ist besonders hervorzuheben vor dem Hintergrund, dass die GAFAM (Google, Amazon, Facebook, Apple) ebenjene Kapazitätserweiterungseffekte effektiv genutzt haben, um ihre Skalierungsmöglichkeiten auszuschöpfen und somit sukzessive ihre Monopolstellung ausbauen zu können.

2 Die Theorie des Institutionellen Rollenmodells

Die Theorie des Institutionellen Rollenmodells (IRM) findet bei einer organisationsübergreifenden Zusammenarbeit Verwendung und verfolgt mehrere Ziele:

1. die umfassende Identifikation der relevanten Akteure (Stakeholder und Institutionen, die in Zukunft Stakeholder werden),
2. die Verringerung von Unsicherheiten für alle beteiligten Akteure,
3. die Entwicklung einer Vertrauensbeziehung zwischen allen beteiligten Akteuren sowie
4. die Etablierung einer diskriminierungsfreien Kooperationsdynamik und
5. die Verfolgung gemeinsamer Interessen.[1]

Hierzu werden die im Kontext des Gemeinschaftsprojekts anfallenden Aufgaben mit demjenigen Akteur verknüpft, der für die Erfüllung der Aufgaben am besten geeignet ist. Dadurch soll das vollumfängliche Potenzial der Organisationsstruktur ausgeschöpft werden. Vor allem wenn zahlreiche Stakeholder in ein Projekt involviert sind, ist die Verwendung eines systematischen und strukturierten Ansatzes unerlässlich.[2]

Die Darstellung des IRM im Rahmen dieses Abschnitts gliedert sich in drei Schritte. Zu Anfang steht eine Darstellung der theoretischen Grundlagen des IRMs. Darauf aufbauend werden im zweiten Schritt die zentralen Elemente des IRMs dargestellt. Im dritten Schritt wird dargestellt, wie das IRM innerhalb

[1] https://link.springer.com/chapter/10.1007/978-3-658-33353-9_21

[2] https://link.springer.com/chapter/10.1007/978-3-658-33353-9_21

W. H. Schulz et al., *Das Satellitenkommunikationsprojekt HydRON für die baden-württembergische Industrie*, Mobilität – Innovation – Transformation,
https://doi.org/10.1007/978-3-658-47148-4_2

eines Projektes angewandt wird. Dieses Kapitel bietet somit einen Überblick über das IRM, der für den weiteren Fortgang dieser Arbeit unerlässlich ist. Es dient als eine der Grundlagen für die systematische Literaturanalyse, die im nächsten Schritt durchgeführt wird.

2.1 Theoretischer Hintergrund

Um ein tieferes Verständnis für das IRM entwickeln zu können, ist es notwendig die Grundlagendisziplinen, die dem Modell als Fundament dienen, näher zu erläutern. Das IRM bedient sich aus drei unterschiedlichen Disziplinen:

- die Institutionenökonomik (Ökonomie),
- die Systemtheorie (Soziologie)
- die Systemdynamik (Management).

Die organisationsübergreifende Zusammenarbeit ist ein komplexer Prozess. Eine Kombination dieser drei Theorien soll es erlauben, diesen Prozess zunächst zu abstrahieren, um ihn dann modellieren und steuern zu können.[3]

2.2 Institutionenökonomik

„Institutionen" kommt im Rahmen des ***Institution***ellen Rollenmodells eine zentrale Rolle zu. In ihrem 2021 erschienen Aufsatz „Die Theorie der institutionellen Rollenmodelle als Grundlagentheorie für Transformationsprozesse in Organisationen" definieren die Autoren den Begriff der Institution wie folgt:

> *„Die Institution wird als Oberbegriff für Regelsysteme (Verordnungen) und Handlungssysteme (Organisationen) verstanden."*

Und weiter:

> *„Als Institutionen werden unter anderem Firmen, Behörden, Verbände und Gerichte bezeichnet. Ökonomisch gesehen ist eine Institution ein soziales Subsystem mit*

[3] Die Theorie der institutionellen Rollenmodelle als Grundlagentheorie für Transformationsprozesse in Organisationen | SpringerLink

Entscheidungsrechten und -pflichten. Institutionen sind dazu da das Verhalten, Kommunikation und Handeln zwischen Individuen auf eine bestimmte Art und Weise zu regulieren.

Institutionen entstehen, um diverse Formen von Unsicherheiten durch verbesserte Planung und Vorhersagbarkeit bei bestehender Informationsasymmetrie zu verringern. Deshalb erlegt eine Institution Regeln auf, an die sich die einzelnen Personen anpassen und untereinander koordinieren müssen. Die Personen können sich mittels dieser Regeln in einem vordefinierten Rahmen bewegen und sind folglich zu jedem Zeitpunkt handlungsfähig.“[4]

Der Begriff der „Institution“ entstammt der Institutionenökonomik. Die Institutionenökonomik ist ein Ansatz innerhalb der Volkswirtschaftslehre, der sich mit der Rolle von Institutionen in Wirtschaftssystemen befasst. Institutionen sind dabei als formale und informelle Regeln, Normen und Konventionen zu verstehen, die das Verhalten von Akteuren in der Wirtschaft beeinflussen. Dazu gehören beispielsweise Eigentumsrechte, Vertragsregeln, Wettbewerbsregeln oder auch kulturelle und soziale Normen.[5]

Die Institutionenökonomik untersucht, wie Institutionen entstehen, wie sie sich verändern und welche Auswirkungen sie auf das Verhalten von Wirtschaftsakteuren und damit auf das wirtschaftliche Ergebnis haben. Dabei geht sie davon aus, dass Institutionen nicht immer effizient sind, sondern auch ineffiziente oder sogar schädliche Auswirkungen haben können. Ziel der Institutionenökonomik ist es daher, effiziente Institutionen zu identifizieren und Empfehlungen für die Gestaltung von Institutionen zu geben, um das wirtschaftliche Ergebnis zu verbessern indem Unsicherheiten und Transaktionskosten reduziert werden.[6]

2.3 Systemtheorie

Die zweite Säule des Institutionellen Rollenmodells (IRM) ist die neue soziologische Systemtheorie des deutschen Soziologen Niklas Luhmann. Diese Theorie basiert auf der Unterscheidung zwischen dem „System“ und der „Umwelt“. Sie unterscheidet zwischen offenen und geschlossenen Systemen. Offene Systeme interagieren mit ihrer Umwelt, geschlossene Systeme nicht. Ein System besteht wiederum aus einem oder mehreren Elementen. Zwischen diesen Elementen existieren Beziehungen (Relationen). Die Summe aller Elemente und deren Beziehungen zueinander werden als Gesamtsystem bezeichnet.

[4] https://link.springer.com/chapter/10.1007/978-3-662-62148-6_5#Sec8

[5] https://elibrary.utb.de/doi/epdf/10.36198/9783838523392-19-52

[6] https://elibrary.utb.de/doi/epdf/10.36198/9783838523392-19-52

Die Theorie unterstreicht, dass sich zahlreiche Systeme von einem bestehenden System abgrenzen können und ihre eigene Umgebung bilden. Die Theorie erklärt auch, dass sich Systeme an ihre Umwelt anpassen und dabei aus sich selbst heraus ihre eigene Identität bewahren. Die Grenzen zwischen einem System und seiner Umwelt sind durchlässig, so dass Austausch und Interaktion möglich sind. Die Theorie lässt sich auf verschiedene Systeme wie den menschlichen Körper und die Wirtschaft anwenden und zeigt die Bedeutung der einzelnen Elemente und die Beziehungen zwischen ihnen auf.[7]

Betrachtet man den menschlichen Körper systemtheoretisch, so ist auch hier jede Zelle im Körper ein eigenes System und tauscht Materialien und Informationen mit anderen Zellen aus. Zusammen bilden sie ein Teilsystem des gesamten Organismus, der nur überleben kann, wenn jede Zelle ihre Funktion erfüllt und alle miteinander in Beziehung stehen. Ähnliche Parallelen lassen sich im Wirtschaftssystem ziehen, von kleinen Unternehmen bis hin zu ganzen Wirtschaftssystemen.[8]

Der Nutzen der Anwendung der Systemtheorie innerhalb des Rollenmodells liegt darin, dass wirtschaftliche Prozesse von der Mikro- bis zur Makroebene analysiert, entwickelt und strukturiert werden können. So können mit Hilfe des Institutionellen Rollenmodells auf der Mikroebene einzelne Geschäftsprozesse analysiert, optimiert und weiterentwickelt werden. Auf der Mesoebene können beispielsweise weitreichende Unternehmensstrategien entworfen und auf der Makroebene komplexe Kooperationsmodelle analysiert, optimiert und entwickelt werden.[9]

2.4 Systemdynamik

Die dritte theoretische Grundlage des IRM ist die System Dynamics. Die System Dynamics (SD) ist eine Methode zur Modellierung, Simulation, Analyse und Gestaltung von dynamisch-komplexen Sachverhalten in sozioökonomischen Systemen. SD wurde in den 1950er-Jahren am MIT entwickelt, um Führungskräfte beim Management komplexer Unternehmensentwicklungen und bei der Entscheidungsfindung zu unterstützen. SD verfolgt das Ziel, das Verhalten eines

[7] Die Theorie der institutionellen Rollenmodelle als Grundlagentheorie für Transformationsprozesse in Organisationen | SpringerLink

[8] Die Theorie der institutionellen Rollenmodelle als Grundlagentheorie für Transformationsprozesse in Organisationen | SpringerLink

[9] Die Theorie der institutionellen Rollenmodelle als Grundlagentheorie für Transformationsprozesse in Organisationen | SpringerLink

Systems zu erklären und ggf. zu beeinflussen. Um dieses Ziel zu erreichen, werden relevante Systemstrukturen modelliert. SD erfasst dafür fünf konstituierende Elemente dynamischer sozioökonomischer Systeme: kausale Feedbackbeziehungen (*Feedback* und *Feedback Loops*), Wirkungsverzögerungen, Bestandesgrößen (stocks), Flussgrößen (flows) und Nichtlinearitäten.

In der Forschung wird SD als Strukturmethode zur Untersuchung der Funktionsweise von sozialen Systemen und für die kausale Analyse von Zeitreihen eingesetzt. Dabei werden Kausalmodelle und Simulationsmodelle verwendet, um Hypothesen aufzustellen und zu testen. Die mathematische Formulierung als ein System von Differentialgleichungen erhöht den Grad der Zuverlässigkeit der Modelle.

Im Rahmen des IRM erlauben die SD die dynamische Modellierung eines Systems, bestimmter Eingangs- und Ausgangsgrößen und der Wechselwirkungen innerhalb des Systems und der Wechselwirkungen des Systems mit seiner Umwelt. Dies wird auch durch Abb. 2.1 deutlich, die den Prozess des IRM und die im Laufe dieses Prozesses andauernd stattfinden Rückkopplungsschleifen darstellt.

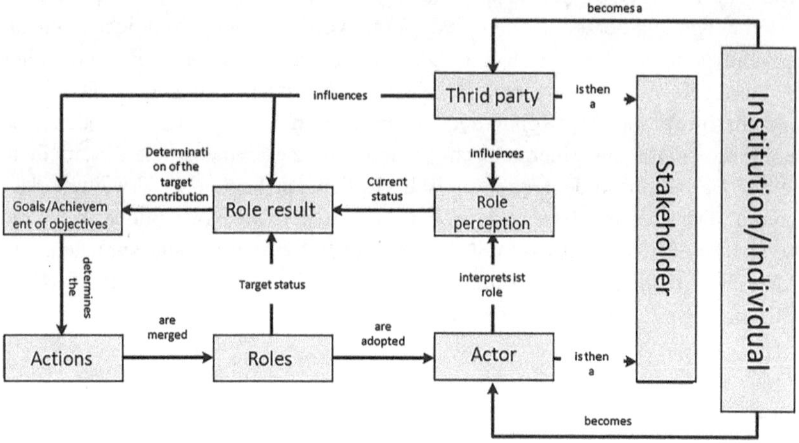

Abb. 2.1 Das Institutionelle Rollenmodell

2.5 Terminologie Bestandteile/Wörterbuch

Wie im vorangegangenen Kapitel deutlich wurde, stützt sich das IRM auf drei theoretische Grundlagen aus verschiedenen Disziplinen. Die Kombination dieser drei Elemente soll es ermöglichen, die Zusammenarbeit verschiedener Organisationen in einem Projekt zu modellieren und für alle Seiten fruchtbar und möglichst effizient zu gestalten. Im folgenden Abschnitt werden die zentralen Begriffe des Institutionellen Rollenmodells dargestellt, die essenziell sein dürften, um die Modellierung verstehen zu können.

Im ersten Schritt der Anwendung des Institutionellen ***Rollenmodells*** werden zunächst alle ***Rollen*** eines ***Systems*** erfasst und definiert. Durch die Anwendung einer ***Matrix*** werden diese Rollen anschließend den ***Institutionen*** zugeordnet, die diese Rollen am besten ausfüllen können.

2.5.1 Rollenmodell

Der Begriff Rollenmodell wird in der Psychologie und im Bereich der Technik verwendet. Um Rollenmodelle effizient voneinander abgrenzen zu können, empfiehlt es sich, den Begriff des Institutionellen Rollenmodells (IRM) einzuführen. Unter Bezugnahme auf die Organisationsarchitektur für kooperative Systeme werden derzeit Rollen und Verantwortlichkeiten beschrieben, diskutiert und definiert (Herb, 2013). Folglich trifft die Bezeichnung institutionelles Rollenmodell auf das Forschungsfeld der kooperativen Systeme zu. Das Konzept der institutionellen Rollenmodelle umfasst mehr als Betreibermodelle, da Betreibermodelle eine hierarchisch organisierte Zusammenarbeit beschreiben, die per Definition vordefinierte, statische Rollen mit begrenzter Erweiterbarkeit umfasst. Der Begriff Betreibermodell charakterisiert die konzeptionelle Ebene. Die konkrete Umsetzung wird mit dem Begriff Betreiberfirma angesprochen. Der exakte Begriff für die Umsetzung von Institutionellen Rollenmodellen (IRM) ist institutionell-rollenbasierte Kooperation.[10]

2.5.2 System

Wie oben gezeigt wurde, beruht der Begriff „System“ innerhalb der Theorie des IRM auf der Systemtheorie von Niklas Luhmann. Das IRM dient zur Modellierung sozialer Systeme. Diese Systeme können sich aus Sub-Systemen

[10] https://papers.ssrn.com/sol3/papers.cfm?abstract_id=3421107

zusammensetzen. Ein System setzt sich wiederum aus bestimmten Rollen zusammen.

2.5.3 Rolle

Die Grundlage des institutionellen Rollenmodells ist, dass definierte Rollen von verschiedenen Akteuren übernommen werden können. Sehr einfach ausgedrückt lässt sich sagen: eine Rolle ist durch die Aufgaben bzw. Aktionen definiert. Die Erfüllung dieser Rolle und der ihr zugeordneten Handlungen ist innerhalb des Systems wichtiger als das Eigeninteresse der Akteure, die diese Rolle einnehmen. Die Aktionen, die einer Rolle zugeordnet sind, dürfen zu keinem Zeitpunkt in einer konfliktbehafteten Beziehung zueinanderstehen und müssen zu jedem Zeitpunkt widerspruchsfrei sein.

2.5.4 Institution

Wie oben dargestellt, wird der Begriff „Institution" innerhalb des IRM auf mehreren Ebenen verwendet: „Die Institution wird als Oberbegriff für Regelsysteme (Verordnungen) und Handlungssysteme (Organisationen) verstanden." (Schulz et al., 2019). Innerhalb des IRM werden damit einerseits die am System beteiligten Organisationen (Unternehmen, Behörden, Verbände etc.) bezeichnet – andererseits kann auch das System selbst als Institution verstanden werden, da es selbst Regel- und Handlungssysteme beinhaltet.

Die Schaffung von Institutionen dient dem Ziel, Unsicherheit zu reduzieren. Dies wird durch eine verbesserte Planung erreicht, die die bestehende Informationsasymmetrie verringert. Eine Institution legt Regeln fest, an die sich die Individuen anpassen und auf deren Grundlage sie sich untereinander koordinieren müssen. Mit diesen Regeln wird ein Handlungsrahmen vorgegeben, in dem sich die Individuen bewegen können und jederzeit handlungsfähig bleiben (Schneider, 2007).[11]

Eine Institution besteht sowohl aus Regelsystemen (Vorschriften) sowie aus Handlungssystemen (Organisationen). Folglich schließt der Begriff „Institutionen" Organisationen ein, wie z. B. Unternehmen, wissenschaftliche Einrichtungen, kirchliche, staatliche und nichtstaatliche Organisationen.[12]

---

[11] https://link.springer.com/chapter/10.1007/978-3-658-33353-9_21

[12] https://link.springer.com/chapter/10.1007/978-3-658-33353-9_21

2.6 Anwendung des Institutionellen Rollenmodells

Die Anwendung der Institutionellen Rollenmodelle kann mittels eines fünf-Schritte umfassenden Ablaufprozesses beschrieben werden:

1. **Schritt: Identifizierung und Definition von Meta-Rollen**
Es werden konkrete Handlungen analysiert und herausgearbeitet, die dem Zweck der Zielerreichung des Systems dienen. Die zu erreichende Zielsetzung wurde im Vorfeld genau analysiert. Eine wesentliche Voraussetzung für ein Ziel ist seine Operationalisierbarkeit und Messbarkeit. Die Maßnahmen werden nach ihrem Beitrag zur Zielerreichung bewertet und entsprechend priorisiert. Die Handlungen werden in den entsprechenden Projekten und/oder Problemlösungsprozessen angewandt und schließlich zu „Rollen“ zusammengefasst. Unter gewissen Umständen kann es zu der Situation kommen, dass sich gewisse Rollen gegenseitig ergänzen. Sofern dies der Fall ist, können diese Rollen zu „Meta-Rollen“ zusammengefasst werden. Darüber hinaus stehen gewisse Rollen im Widerspruch zueinander, welches dazu führt, dass diese Rolle eine eigene „Meta-Rolle“ erfordert (Schulz et al., 2019).

2. **Schritt: Identifizierung und Benennung der Institutionen**
Die Institution wird als übergeordnete Instanz verstanden, die aus Regelsystemen (Verordnungen) und Handlungssystemen (Organisationen) besteht. Folglich umfasst der Begriff „Institutionen“, Organisationen, wie zum Beispiel Unternehmen, wissenschaftliche Einrichtungen, kirchliche, staatliche und nichtstaatliche Organisationen.

3. **Schritt: Welche Institution ist am geeignetsten, um eine bestimmte Rolle zu übernehmen?**
Sobald die Institutionen, Marktphasen und Meta-Rollen durch Forschung identifiziert wurden, werden sie auf die vier Seiten der Matrix übertragen: Marktphasen oben, Meta-Rollen links, Institutionen unten und Bereitschaft, die Rolle zu übernehmen, rechts. Eine Beispielmatrix ist in Abb. 2.2 dargestellt:

Es ist wichtig zu beachten, dass jede Institution in jeder Marktphase eine eigene Spalte hat. Jede Institution erhält die Matrix und füllt sie anonym aus. Sie beginnt damit, sie für sich selbst auszufüllen: Sie geht jede Rolle durch und bewertet ihre Bereitschaft, diese Rolle in der jeweiligen Marktphase zu übernehmen. Danach erfolgt ihre Bewertung für die anderen Institutionen.

Dem IRM liegt eine konkrete Kodierung zu Grunde, die im Nachfolgenden erläutert wird. Die Kodierung wird nicht statisch betrachtet und kann projektbezogen angepasst werden:

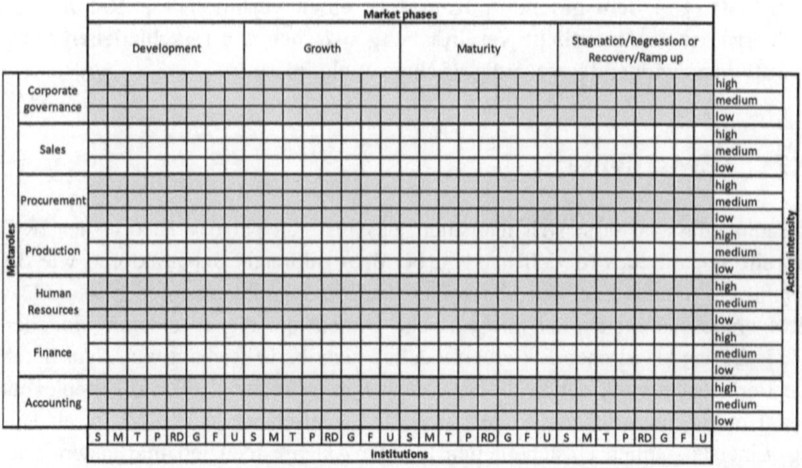

Abb. 2.2 Die Institutionelle Rollenmatrix

1 = Die Rolle soll nicht übernommen werden.
2 = Die Rolle könnte übernommen werden, bislang liegen jedoch keinerlei Erfahrungen vor in Bezug auf die Wahrnehmung der Rolle.
3 = Die Rolle könnte übernommen werden, bislang liegt jedoch nur ein begrenzter Erfahrungsschatz vor in Bezug auf die Wahrnehmung der Rolle.
4 = Die Rolle sollte seitens der Institution übernommen werden, da bereits Erfahrungen in der Wahrnehmung der Rolle vorliegen.
5 = Die Rolle sollte übernommen werden, bedingt durch ein Alleinstellungsmerkmal der Institution.

Die Zuordnung der Rollen erfolgt sowohl durch die involvierten Institutionen als auch durch Experten. Diese Bewertung kann um eine neutrale Einschätzung (neutrales Individuum) erweitert werden, um eine 360 Grad Perspektive zu gewährleisten. Im Optimalfall stimmen die Bewertungen der drei Entitäten überein. Für den Auswertungsprozess wird ein bestimmter Algorithmus verwendet, mittels dessen diverse Indizes (wie z. B. ein Harmonieindex) berechnet werden.

4. **Schritt: Die finalen Verhandlungen für die endgültige Rollenverteilung zwischen den beteiligten Institutionen**

Einzelne Rollen können durch mehrere Akteure übernommen werden und folglich entsteht eine Koordinierungsaufgabe zwischen den verschiedenen Akteuren.

5. **Schritt: Um dem gesamten Konstrukt einen verbindlichen Rahmen zu bieten, ist eine rechtliche Vereinbarung zwischen den verschiedenen Institutionen zwingend notwendig.** (Schulz et al., 2019).[13]

2.7 Zwischenfazit

Zusammenfassend lässt sich festhalten, dass es sich bei der Theorie des IRM um ein dynamisches Modell handelt, bei dem zahlreiche Inputfaktoren wie die beteiligten Akteure oder die Marktphase laufend angepasst werden können. Das IRM berücksichtigt explizit die zeitliche Dimension, die in anderen Modellen wie z. B. den klassischen Betreibermodellen nicht berücksichtigt wird. Nur durch die Berücksichtigung der zeitlichen Dimension ist es möglich, die Komplexität von Unternehmen adäquat zu erfassen. Die Zielsetzung des IRM ist eindeutig: Einerseits sollen Unsicherheiten für alle Akteure reduziert und andererseits gemeinsame Interessen durch Kooperation gefördert werden. Das IRM basiert auf den drei Disziplinen Institutionenökonomik, Systemtheorie und Systemdynamik. Das IRM setzt sich somit aus wirtschaftlichen, sozialen und mechanischen Bestandteilen zusammen, die für eine ganzheitliche Betrachtung eines Unternehmens unerlässlich sind. Wichtig ist, dass eine diskriminierungsfreie Koordination zwischen allen beteiligten Akteuren stattfinden kann. Auch die rechtlichen Rahmenbedingungen sehen vor, dass diese Zusammenarbeit diskriminierungsfrei erfolgen muss. Dies sind die zentralen Merkmale des IRM:

- Eine konsistente Definition von Aktionen innerhalb einer Rolle muss fortwährend gewährleistet sein.
- Es besteht die Option der mehrfachen Besetzung einer Rolle durch unterschiedliche Akteure.
- Die Institutionen folgen systemischen Regeln.
- Die Regeln werden von Institutionen bestimmt.
- Es gilt, die Verfolgung individueller Interessen zugunsten der Erfüllung des gemeinsamen Ziels zurückzustellen.[14]

[13] Die Theorie der institutionellen Rollenmodelle als Grundlagentheorie für Transformationsprozesse in Organisationen | SpringerLink

[14] https://link.springer.com/chapter/10.1007/978-3-658-33353-9_21

3 Semistrukturierte Experteninterviews

3.1 Beschreibung der Methodik

Die methodische Vorgehensweise basiert auf semi-strukturierten Experteninterviews (Mayring, 2003) in Verbindung mit der Fokusgruppen-Methodik (Mayerhofer, 2009; Schulz, 2012). Die Theorie der Institutionellen Rollenmodelle (IRM) bedient sich der Technik der Fokusgruppe, welche idealerweise in Form von Workshops realisiert wird. Ein Workshop bringt die relevanten Akteure und Interessengruppen zusammen, um Informationen zu sammeln und inhaltliche Aspekte zu klären, damit die Institutionelle Rollenmodell-Matrix (IRM) entwickelt werden kann. Aufgrund der Covid19-Krise, die zur Zeit der Studie herrschte, war die Durchführung eines Workshops jedoch nicht möglich. Daher wurden mit Hilfe von Airbus Space & Defense und der Europäischen Weltraumorganisation ESA (European Space Agency) sequentielle virtuelle Interviews mit Experten durchgeführt, die nach allgemeiner Einschätzung Informationen und Ideen zur Umsetzung von HydRON beisteuern können. Die Fokusgruppen-Methodik erlaubt, begriffsbildend zu agieren, da Dinge oder Gegebenheiten analysiert und eruiert werden können, die zuvor nicht bekannt waren, was für die Entwicklung neuer Technologien äußerst wichtig ist.

3.2 Auswahl der Fragen

Der Interview-Leitfaden für die semi-strukturierten Experteninterviews (s. Anhang „Fragebogen“) wurde basierend auf den in der Vorhabensbeschreibung definierten Leitfragen erstellt:

W. H. Schulz et al., *Das Satellitenkommunikationsprojekt HydRON für die baden-württembergische Industrie*, Mobilität – Innovation – Transformation,
https://doi.org/10.1007/978-3-658-47148-4_3

- Wie stark kann der Beitrag des Projektpartners die Interoperabilität erhöhen?
- Wie verbessert der Beitrag des Projektpartners die Kosteneffizienz?
- Wie ist der Einfluss des Projektpartners auf die Transaktionskosten zu bewerten?
- Wie wird der Beitrag des Projektpartners den Nutzen der User und/ oder der Gesellschaft direkt beeinflussen?
- Wie stark ist das Interesse des Projektpartners bei der Markteinführung von HydRON mitzuwirken?
- Wie sehr trifft es zu, dass für die Markteinführung von HydRON weitere Unternehmen (aus notwendigen Branchen) mit aufgenommen werden sollen?
- Welche Unternehmen aus dem Land Baden-Württemberg können bei der Umsetzung für das OTN-Ökosystem tätig werden?

Es wurden fünf Bereiche identifiziert, die für die Beantwortung der Leitfragen der Vorhabensbeschreibung notwendig sind und zudem die Notwendigkeit der Studie bestätigen: Koordinationsbedarf im Projekt HydRON, Identifikation der technischen Rollen, Identifikation der ökonomischen Rollen, Konfliktpotentiale, die sich im Projekt ergeben können, sowie Vertrauen und Governance.

Ziel des ersten Fragenblocks war es, die Motivation und Ziele der Interviewpartner zu ermitteln sowie den aktuellen Status Quo und die gesamtwirtschaftliche Bedeutung des Projektes abzufragen. Der zweite Fragenblock diente dazu, die fachlichen Möglichkeiten der Interviewpartner zu identifizieren, die sie in das Projekt einbringen können. Zudem wurde abgefragt, welche weiteren Rollen und Akteure notwendig sind, um HydRON zu realisieren. Im dritten Fragenblock wurde analog zum zweiten Fragenblock vorgegangen, um die technischen Rollen und Akteure zu identifizieren, die im Projekt benötigt werden. Der vierte Fragenblock identifiziert das Konfliktpotential, das sich aus der Besetzung der Rollen ergeben könnte, sowie Stakeholder, die noch nicht in der HydRON User Group vertreten sind, aber benötigt werden. Des Weiteren werden die zu erwartenden Herausforderungen und Konkurrenzen auf internationaler Ebene sowie mögliche Stärken und Schwächen, die sich aus einer europaweiten Zusammenarbeit ergeben, thematisiert. Der letzte Themenblock konzentriert sich darauf, welche Regeln für das Gesamtprojekt aufgestellt werden müssen und welche Bedeutung Vertrauen für die Kooperation hat. Zudem wird konkret eine Governance-Rolle thematisiert, und welche Aufgaben diese erfüllen sollte.

Die Interviews wurden genutzt, um relevante Institutionen und ökonomische sowie technische Rollen zu identifizieren, die für die Umsetzung von HydRON notwendig sind, und um mit den daraus gewonnenen Informationen die IRM-Matrix am Lehrstuhl zu entwickeln. Zur Umsetzung von HydRON wird in

Kap. 3 ein Meta-Rollen-Ranking durchgeführt, um die Steuerung und Koordination des Projektes auf der Makroebene zu ermöglichen. Die für eine erfolgreiche Umsetzung von HydRON notwendigen Rollen werden in Punkt 3b definiert. Die Ergebnisse der Interviews werden in drei IRM-Matrizen (Punkt 3c) in ein Ranking integriert. Die IRM-Matrix gliedert zum einen die Meta-Rollen auf der ökonomischen und technischen Seite, wie auch die Rollen, die an der Schnittstelle dazwischen agieren. Zudem werden die jeweiligen Institutionen/Akteure den jeweiligen Meta-Rollen mithilfe des Rankings entsprechend ihrer Eignung zugeordnet. Das Ranking ist notwendig, um die Antworten und Ergebnisse der Interviews interpretieren zu können, und weist folgende Kodierung auf: 1 = am besten geeignet, 2 = bedingt geeignet, 3 = nicht geeignet.

3.3 Auswahl der Interviewpartner

Die Interviewpartner für die Durchführung der semi-strukturierten Experteninterviews wurden nach den Gesichtspunkten der Expertise ausgewählt:

Um qualifizierte Aussagen zu den Fragestellungen zu erhalten, ist die Expertise und das Know-how der Interviewpartner in den Bereichen, die HydRON beeinflussen werden, wichtig. Außerdem wurden sowohl Interviewpartner ausgesucht, die bereits der HydRON User Group (HUG) angehören, als auch Interviewpartner, die bislang keine oder kaum Berührungspunkte mit HydRON hatten, jedoch aufgrund des Industriezweiges, in dem sie tätig sind, potentielle Stakeholder werden könnten: so wurde eine umfängliche Betrachtung ermöglicht.

Darüber hinaus war es für die Bewertung des Standorts Baden-Württemberg wichtig, dass es sich bei den Interviewpartnern um deutsche und vor allem baden-württembergische Unternehmen handelte und dass nicht nur Global Player, sondern auch kleine und mittlere Unternehmen sowie Start-ups vertreten waren.

Schließlich war es wichtig, dass auch die Europäische Weltraumorganisation ESA an den Interviews teilnahm, da sie aufgrund ihrer zentralen koordinierenden und initiierenden Rolle für HydRON über weitreichende Einblicke verfügt, die für die Ergebnisse der Studie essentiell sind.

Die Interviewpartner sind in folgenden Institutionen tätig:

- Detecon, Beratungsgesellschaft für Telekommunikation,
- Deutsches Zentrum für Luft- und Raumfahrt (DLR),
- Airbus Defence and Space, führendes Luft- und Raumfahrt-Unternehmen und HUG-Mitglied,

- TESAT-Spacecom, Unternehmen für Telekommunikations-Payloads und Satellitenkommunikation und HUG-Mitglied,
- SpaceTech, ein kleines und mittleres Unternehmen für Space Equipment und HUG-Mitglied,
- und die Europäische Weltraumorganisation (ESA) als Initiatorin von HydRON,
- Hispasat, spanisches Telekommunikationsunternehmen und HUG-Mitglied.

4 Koordinationsbedarf und Konfliktpotentiale

Die Beantwortung der Frage nach möglichen Konfliktpotenzialen zwischen den Stakeholdern bei der Besetzung der verschiedenen Meta-Rollen ist wichtig, damit diese frühzeitig angesprochen und gelöst werden können und der Projekterfolg nicht gefährdet wird. Von den Experten wurden verschiedenste mögliche Konfliktpotenziale genannt, die nun im Einzelnen vorgestellt und diskutiert werden.

Ein Experte weist darauf hin, dass hinsichtlich des Konfliktpotenzials zwischen den Begriffen Wettbewerb und Konflikt unterschieden werden muss. Denn das Vorhandensein von Wettbewerb ist nicht gleichbedeutend mit dem Vorhandensein von Konflikt. Schließlich ist es vollkommen normal, dass bei der Umsetzung des Projektes unterschiedliche Interessen aufeinandertreffen, die aufgrund dessen in einem Wettbewerbsverhältnis und nicht in einem Konfliktverhältnis zueinanderstehen (I1, S.7). Dieses Wettbewerbsverhältnis wird immer dann zu einem Konfliktverhältnis, wenn Stakeholder ihre Monopolmacht ausnutzen. Daher ist es sehr wichtig, von Anfang an sicherzustellen, dass ein fairer Wettbewerb zwischen den Akteuren möglich ist. Es gibt aber auch einen offensichtlichen Konflikt. In der Raumfahrtindustrie ist die Beteiligung kleiner Unternehmen an Projekten großer Unternehmen ein klassischer Konflikt. In diesem Zusammenhang wird die Relevanz der Vergaberegeln der ESA betont, die wichtig sind, da es sonst zu Konflikten und Unsicherheiten kommen würde (I1, S.8).

Ein anderer Experte stellt die Frage nach dem Konfliktpotenzial zwischen den Stakeholdern in einen größeren Zusammenhang, indem er auf die unterschiedlichen Philosophien der an HydRON beteiligten Länder eingeht. Er weist explizit darauf hin, dass sich die Länder derzeit in einer Art Wettlauf befinden. In diesem

W. H. Schulz et al., *Das Satellitenkommunikationsprojekt HydRON für die baden-württembergische Industrie*, Mobilität – Innovation – Transformation,
https://doi.org/10.1007/978-3-658-47148-4_4

Wettlauf geht es darum, entscheidende Ideen und Konzepte früher als andere zu entwickeln und sich damit einen strategischen Vorteil zu verschaffen (I2, S.6). Es findet also nicht nur ein privatwirtschaftlicher Wettbewerb statt, sondern auch ein Wettbewerb zwischen Ländern. Im Gegensatz zu den Aussagen im ersten Absatz sieht dieser Experte das ausgeprägte Wettbewerbsverhältnis zwischen vielen Stakeholdern als problematisch an, da dadurch viele Innovationen nicht so schnell oder überhaupt umgesetzt werden können (I2, S.7). Er vertieft diese Problematik, indem er ausführt, dass ein offener Datenaustausch zwischen den beteiligten Stakeholdern möglich sein muss, was durch die Tatsache erschwert wird, dass die Stakeholder in einem Konkurrenzverhältnis zueinanderstehen. Daher sieht er die größte Herausforderung darin, den Datenaustausch zwischen den Stakeholdern zu ermöglichen und gleichzeitig sicherzustellen, dass die Stakeholder ihre Geschäftsinteressen erfolgreich verfolgen können. Hierbei ist es für die erfolgreiche Umsetzung von HydRON wichtig, dass beides gelingt.

Ein weiterer Experte sieht das größte Konfliktpotenzial in der Frage des Hauptauftragnehmers bzw. Betreibers des Raumsegments (I3, S.10). Außerdem kann es zu einem Konflikt zwischen dem hosted payload Anbieter und dem Satellitenhersteller dahingehend kommen, dass Ersterer einen Preisnachlass für den Satelliten verlangen könnte im Gegenzug für günstige Kilopreiskonditionen des hosted payloads (I3, S.10). Darüber hinaus sieht ein vierter Experte wiederum das größte Konfliktpotenzial zwischen den drei großen Satellitenherstellern Airbus, OHB und Thales. So wird beispielhaft auf das vergangene Galileo-Projekt verwiesen, bei dem zwei Satellitenbauer den Zuschlag erhielten und es in der Folge zu Klagen kam. Daraus lässt sich ableiten, dass zwischen den drei bestehenden Satellitenbauern auch im Kontext von HydRON ein enormes Konfliktpotential besteht (I4, S.7).

Weiterhin wird von einem Experten darauf aufmerksam gemacht, dass ein moderates Konfliktpotential zwischen den terrestrischen Netzbetreibern und den Satellitennetzbetreibern besteht, da die terrestrischen Netzbetreiber sich in ihrem bisherigen Geschäftsmodell bedroht fühlen (I5, S.9). Außerdem könnte sich ein Konfliktpotenzial daraus ergeben, dass bei einer staatlichen Förderung von HydRON andere Mitbewerber, die mit funkbasierten Systemen arbeiten, mit dem Vorwurf der Wettbewerbsverzerrung klagen könnten (I5, S.9). Zudem entstehen Wettbewerbsbeziehungen zwischen den Telekommunikationsanbietern, wenn es darum geht die Bodenstationen mit den entsprechenden Glasfaserkabeln auszustatten. Zugleich betont der Experte jedoch auch, dass es sich hierbei um ein unkompliziertes und transparentes Preisausschreibungsverfahren handeln wird (I5, S.9). Schlussendlich wird noch einmal ausdrücklich davor gewarnt, dass nicht jeder Stakeholder nur seinen individuellen Business Case optimieren sollte, da dies in Summe eben nicht zu dem gesamtvolkswirtschaftlich besten Ergebnis für alle beteiligten Stakeholder führt. Außerdem wird auf die Wichtigkeit von juristischen Verträgen hingewiesen, welche die Zusammenarbeit regeln und strukturieren (I6, S.11).

Insgesamt lassen sich also folgende Konfliktpotentiale identifizieren:

- Es gilt zu verhindern, dass Stakeholder in irgendeiner Form ihre Monopolmacht ausnutzen können.
- Es gilt den klassischen Konflikt der Raumfahrtindustrie zwischen kleinen und großen Unternehmen bei der Vergabe von Aufträgen zu lösen. Hierbei sind die Vergaberegeln der ESA hilfreich.
- Es gilt zu bedenken, dass die Länder sich in einem Wettlauf um die besten Ideen und Konzepte befinden, was bei einem gemeinsamen Projekt ein gewisses Konfliktpotential birgt.
- Die Wettbewerbssituation unter den Stakeholdern erschwert Innovationen. Es ist wichtig, dass ein Datenaustausch unter den Stakeholdern möglich ist, sodass HydRON erfolgreich umgesetzt werden kann.
- Die Frage nach dem Hauptauftragnehmer und des Betreibers im Raumsegment birgt Konfliktpotential.
- Es kann zu Konflikten zwischen hosted payload Anbietern und den Satellitenbauern kommen.
- Die drei großen Satellitenbauer Airbus, OHB und Thales stehen in einem Konkurrenzverhältnis, welches Konfliktpotential birgt.
- Die Tatsache der staatlichen Subventionierung birgt Konfliktpotential mit der Konkurrenz, da diese aufgrund dessen den Vorwurf einer wettbewerbsverzerrenden Vorgehensweise erheben kann.
- Zwischen den terrestrischen Netzbetreibern und den Satellitennetzbetreibern besteht ein Konfliktpotential, da Erstere sich in ihrem bisherigen Geschäftsmodell bedroht fühlen könnten.
- Es ist wichtig, dass Verträge geschlossen werden, welche die Form der Zusammenarbeit eindeutig regeln, um Konflikte zu verhindern.

4.1 Rollenkatalog und Rollendefinitionen

Die Interviews haben gezeigt, dass die traditionelle Aufteilung in technische und ökonomische Rollen, wie sie das IRM vorgibt, um Schnittstellen-Rollen erweitert werden muss. Die Schnittstellen-Rollen sind wichtig, um die Interoperabilität zwischen den verschiedenen Institutionen zu ermöglichen, die Kosteneffizienz zu erreichen und die Transaktionskosten sowohl der Projektpartner als auch der Kunden zu senken. Die wirtschaftlichen, technischen und Schnittstellen-Rollen werden in den folgenden Tabellen dargestellt.

4.2 Technische Rollen

In der folgenden Tabelle werden die technischen Meta-Rollen gelistet, kurz beschrieben und die entsprechenden funktionalen Rollen benannt. Die Interviews haben ergeben, dass 14 technische Meta-Rollen benötigt werden, die im Durchschnitt vier funktionale Rollen umfassen (Tab. 4.1).

4.3 Ökonomische Rollen

Bei den ökonomischen Meta-Rollen werden insgesamt zehn identifiziert, die etwa fünf funktionale Rollen umfassen (Tab. 4.2).

4.4 Schnittstellen-Rollen

Wie bereits erwähnt, hat sich im Laufe des Befragungsprozesses herausgestellt, dass es Meta-Rollen gibt, die sich weder den ökonomischen noch den technischen Meta-Rollen eindeutig zuordnen lassen. Diese von den Experten benannten Meta-Rollen können am besten als Schnittstellen-Meta-Rollen bezeichnet werden. Insgesamt gibt es nur vier Schnittstellen-Meta-Rollen, denen aber im Gegensatz zu den ökonomischen und technischen Meta-Rollen, durchschnittlich sechs funktionale Rollen zugeordnet sind (Tab. 4.3).

Tab. 4.1 Technische Meta-Rollen. Eigene Erhebung

Meta-Rolle	Kurz-Beschreibung	Funktionale Rollen
Satellitenbetrieb	Diese Meta-Rolle umfasst die Überwachung, Gestaltung und Instandhaltung der Satellitenfunktionalitäten, Satelliteneigenschaften sowie der Satellitenflugbahnen.	1) Sicherstellung eines reibungslosen Satellitenbetriebs 2) Identifikation von Störfaktoren für den Satellitenbetrieb
Satellitenproduktion	Diese Meta-Rolle umfasst die bedarfsgerechte Konzeption sowie anschließende Produktion von Satelliten mit den entsprechenden Funktionalitäten und Eigenschaften, wie sie für die Umsetzung HydRONs optimal sind.	1) Planung 2) Produktion 3) Qualitätsüberprüfung
Space Equipment	Space Equipment beschreibt ein Spektrum von Produkten und Dienstleistungen für Weltraum-Missionen und Satelliten, welche im Weltall eingesetzt werden und gewährleistet deren langfristige Funktionsweise.	1) Erdbeobachtung 2) Navigation 3) Optische Instrumente, Komponenten, Strukturen, Mechanismen 4) Sensoren 5) Solargeneratoren und -anlagen

(Fortsetzung)

Tab. 4.1 (Fortsetzung)

Meta-Rolle	Kurz-Beschreibung	Funktionale Rollen
Payload Hersteller	Diese Meta-Rolle stellt sicher, dass die Satelliten über entsprechende Payload-Kapazitäten verfügen, sodass HydRON unter wirtschaftlichen Gesichtspunkten erfolgreich umgesetzt werden kann. Diese Meta-Rolle arbeitet eng mit den Meta-Rollen der Satellitenproduktion sowie des Space Equipments zusammen.	1) Payload Planung
Payload Hosting Management/Hosted Payload	Diese Meta-Rolle regelt die Distribution und den Zugriff auf die Payloads. Sie stellt sicher, dass die vergebenen Payload-Kapazitäten reibungslos und technisch einwandfrei funktionieren. Darüber hinaus ist diese Meta-Rolle der zentrale Ansprechpartner für Interessenten oder Kunden der hosted payload für aufkommende Fragen.	1) Kommunikationsfähigkeit im Weltall (Regierungen, Militär) 2) Space Situational Awareness (SSA), wie Kollisionsvermeidung, Trümmerüberwachung, Nuklearerkennung und Standbilder, Datenerfassung für Hyperspektralsondierung, Ozeanfarbanalyse, Ozonkartierung und Wetterverfolgung sowie Kommunikation und Forschung und Entwicklung 3) Erdbeobachtung 4) Sicherstellung der langfristigen Payloadfunktionsfähigkeit

(Fortsetzung)

Tab. 4.1 (Fortsetzung)

Meta-Rolle	Kurz-Beschreibung	Funktionale Rollen
Space-to-ground optical link (Laserlinks zur Erde)	Diese Meta-Rolle leistet die Planung, Durchführung sowie die Überwachung der optischen Laserlinkverbindung zwischen den Satelliten im Weltall und den Bodenstationen und sorgt für deren fehlerfreien durchgängigen Betrieb. Hierbei kommt es vor allem darauf an, dass die Wolkenproblematik gelöst wird.	1) Planung, Durchführung und Überwachung der Laserlinkverbindungen 2) Sicherstellung des Betriebs 3) Lösungsansätze für die Wolken-/ und Wetterproblematik
Hydron optical ground stations	Diese Meta-Rolle umfasst die Konzeption, Umsetzung und den Betrieb der Bodenstationen, sodass deren Funktionieren immer gewährleistet ist. Es handelt sich um Laserstationen für die Signalübertragung anhand von Laserstrahlen mit GEO-Satelliten.	1) Betrieb 2) Wartung & Instandhaltung 3) Sicherstellung der Lasersignalübertragung

(Fortsetzung)

Tab. 4.1 (Fortsetzung)

Meta-Rolle	Kurz-Beschreibung	Funktionale Rollen
Hydronkontrollzentrum	Diese Meta-Rolle ist damit befasst das individuelle sowie kollektive Funktionieren aller technischen Komponenten HydRONs zu jedem Zeitpunkt sicherzustellen. Das Kontrollzentrum ist das Zentrum der HydRON-Operationen, Knoten- und Verbindungspunkt der verschiedenen Netze (Glasfaser, Mobilfunk, Festnetz, Satelliten). Diese Meta-Rolle leistet maßgeblich Vorsorgemaßnahmen für alle eventuell auftretenden Betriebsstörungen und setzt diese gegebenenfalls in die Tat um, falls es tatsächlich zu Störungen des Betriebsablaufs kommen sollte.	1) Überwachung der Interoperabilität aller technischen Abläufe 2) Prävention und Aufklärungen von Betriebsstörungen 3) Zentrale Anlaufstelle für Fragen der HUG-Mitglieder
Launcher/Launch Provider	Diese Meta-Rolle ist für die sichere und pünktliche Beförderung des Space Equipments von der Erdoberfläche in das Weltall zuständig. Sie leistet die Bereitstellung von Trägerraketen, um Satelliten in den Weltraum zu befördern.	1) Raketenplanung 2) Raketenbau 3) Raketenbetrieb 4) Wartung & Instandhaltung

(Fortsetzung)

Tab. 4.1 (Fortsetzung)

Meta-Rolle	Kurz-Beschreibung	Funktionale Rollen
Demonstratorsystem	Diese Meta-Rolle demonstriert die Gesamtfunktionsweise von HydRON, bevor HydRON tatsächlich in Betrieb genommen wird. Diese Demonstration ist insbesondere deswegen wichtig, weil auf diese Weise mögliche Fehler im Betriebsablauf frühzeitig identifiziert und eliminiert werden können. Ein solches System dient Tests und der Demonstration der Technologie. Hier kann die Technologie überprüft, Mängel festgestellt und optimiert werden.	1) Bereitstellung notwendiger Infrastruktur 2) Optimierung 3) Fehlerbehebung 4) Steuerung von Testaktivitäten

(Fortsetzung)

Tab. 4.1 (Fortsetzung)

Meta-Rolle	Kurz-Beschreibung	Funktionale Rollen
terrestrischer Glasfasernetze-Betrieb	Ausbau und Verlegen von terrestrischen Glasfasernetzwerken, Betrieb und Wartung. Betrieb von Glasfaser-Netzwerken für die Datenübertragung in hoher Bandbreite und Geschwindigkeit, weniger Störanfälligkeit. Diese Meta-Rolle stellt sicher, dass das terrestrische Glasfasernetz einwandfrei an die Bodenstationen HydRONs angebunden ist, sodass die aus dem Zusammenspiel des terrestrischen Glasfasernetzes mit dem Satelliteninternet HydRONs resultierende Internetversorgung optimal aufeinander abgestimmt ist.	1) Betrieb 2) Planung 3) Ausbau 4) Wartung & Instandhaltung 5) Behebung von Störungen

(Fortsetzung)

Tab. 4.1 (Fortsetzung)

Meta-Rolle	**Kurz-Beschreibung**	**Funktionale Rollen**
Mobilfunknetze-Betrieb	Diese Meta-Rolle leistet den Betrieb öffentlicher Mobilfunknetze und das Angebot von Dienstleistungen für Privat- und Geschäftskunden. Sie stellt sicher, dass das terrestrische Mobilfunknetz einwandfrei an die Bodenstationen HydRONs angebunden ist, sodass die aus dem Zusammenspiel des terrestrischen Mobilfunknetzes mit HydRON resultierende Mobilfunknetzversorgung optimal aufeinander abgestimmt ist.	1) Betrieb von Mobilfunknetzen 2) Drahtlose Kommunikationsverbindungen 3) Signalübertragung 4) Wartung und Instandhaltung 5) Behebung von Störungen

Tab. 4.2 Ökonomische Meta-Rollen. Eigene Erhebung

Meta-Rolle	Kurz-Beschreibung	Funktionale Rollen
Access- Management	Die Meta-Rolle regelt die Zugriffsberechtigungen von Institutionen (HUG-Mitglieder und Dritte) auf die HydRON Technologie, Daten und Informationen.	1) Daten 2) Dienste 3) Kapazitäten 4) Coverage
Daten- Management	Diese Meta-Rolle stellt die Aktualität und Richtigkeit aller Daten sicher, welche im Kontext von HydRON erzeugt werden. Darüber hinaus sorgt diese Meta-Rolle mit ihren Aktivitäten dafür, dass das maximale Nutzungspotential der Daten für die verschiedenen anderen Geschäftsprozesse bereitgestellt werden kann.	1) Datenübertragungsmanagement 2) Institutional Data Sovereignty 3) Datenaktualisierung 4) Datenüberprüfung 5) Datenoptimierung
Infrastruktur- Management	Infrastrukturmanagement soll die Planung, den Betrieb, die Aufsicht und die Instandhaltung von Infrastrukturen regeln. Es gestaltet das Infrastruktur-Ökosystem für die Funktion von HydRON. Dabei achtet es darauf, dass die Infrastruktur reibungslos und ressourceneffizient genutzt werden kann und setzt Maßnahmen zur diesbezüglichen Optimierung um.	1) Laser 2) Satelliten 3) Mobilnetz/Festnetz/Glasfasernetze 4) Chipherstellung 5) Bodenstationen 6) Monitoring und Wartung

(Fortsetzung)

Tab. 4.2 (Fortsetzung)

Meta-Rolle	Kurz-Beschreibung	Funktionale Rollen
Nutzerakzeptanz-Management	Das Nutzerakzeptanz-Management entspricht einer Marketing-Funktion. Ziel ist es, bei allen Stakeholdern, vor allem jedoch bei direkten Nutzern der HydRON-Technologie, Akzeptanz zu schaffen, um so den gesamtwirtschaftlichen und gesellschaftlichen Veränderungsprozess, der durch HydRON angestoßen wird, zu befördern und ermöglichen. Zudem leistet diese Meta-Rolle die Ableitung von Maßnahmen für die Steigerung der Nutzerakzeptanz.	1) Ausarbeitung des ökonomischen Vorteils 2) Marketing 3) Öffentlichkeitsarbeit 4) Identifikation von Interessengruppen/ Endkonsumenten 5) Anwendungsmanagement 6) Anwendungsentwicklung 7) Technology-Gap- Management bewerben
Netzbetreiber- Management	Diese Meta-Rolle hat die Aufgabe das Leistungsvermögen und die Geschäftsinteressen der verschiedenen Netzbetreiber in einer für die Umsetzung und den Betrieb von HydRON optimalen Weisen aufeinander abzustimmen.	1) Koordination der Interessen der Netzbetreiber 2) Sicherstellung der bestmöglichen Netzqualität 3) Sicherstellung der bestmöglichen Ergänzung der Leistungen der verschiedenen Netze

(Fortsetzung)

Tab. 4.2 (Fortsetzung)

Meta-Rolle	Kurz-Beschreibung	Funktionale Rollen
Initialisierungs- management	Initialisierungsmanagement ist zu Beginn des Projektes HydRON, d.h. bis zur Markteinführung notwendig. Es identifiziert notwendige Voraussetzungen und den aufzuwendenden Ressourceneinsatz für die erfolgreiche Implementierung, bspw. durch die Definition von Etappenzielen oder in Form von Studien.	1) Machbarkeitsstudie 2) Rollenmodellstudie 3) Markteinführungsplan 4) Gewinnen von Regierungen für die Technologie 5) Techno-Pushes
Finanzierungs- management/ Controlling Gesamtprojekt	Die Rolle ist dafür zuständig, die finanziellen Verantwortlichkeiten zu bestimmen sowie die Finanzierung des Gesamtprojekts sicherzustellen. Ebenfalls kann diese Rolle Beteiligungsformate entwickeln. Zudem geht es darum, einen Kostenplan aufzustellen und dessen Einhaltung zu garantieren.	1) Finanzierung durch ESA/Europäische Kommission 2) Finanzielle Verantwortlichkeiten aufseiten der HUG-Mitglieder 3) Finanzierung von Techno-Pushes 4) Entwickeln von Beteiligungsformaten 5) Kostenpläne aufstellen 6) Einhaltung der Kostenpläne
Finanzierungs- management/Controlling individuell	Diese Meta-Rolle stellt die Erfüllung der individuellen Zuständigkeiten (beauftragte Institutionen) hinsichtlich der Finanzierung von HydRON sicher und wird von jedem Stakeholder eigenständig verantwortet.	1) Finanzierung in Unternehmen 2) Individuelle Kostenpläne aufstellen 3) Individuelle Einhaltung der Kostenpläne

(Fortsetzung)

Tab. 4.2 (Fortsetzung)

Meta-Rolle	Kurz-Beschreibung	Funktionale Rollen
Transaktionskosten-Management	Beim Transaktionskosten-Management geht es darum, Transaktionskosten – bspw. Informationskosten oder Vereinbarungskosten – zunächst zu identifizieren und zu minimieren. So werden effiziente Abläufe geschaffen.	1) Identifizierung von Transaktionskosten bzw. Transaktionskostenträgern 2) Ermittlung von Optimierungspotential 3) Umsetzung der Optimierungen zur Minimierung von Transaktionskosten 4) Sicherstellung effizienter Abläufe
Sicherheits- management	Diese Meta-Rolle leistet die systematische Erkennung, Analyse, Bewertung und Überwachung von sämtlichen Sicherheitsrisiken, die HydRON betreffen könnten. Das Sicherheitsmanagement soll die Sicherheit bei Nutzung der HydRON-Technologie garantieren.	1) Flugverkehr 2) Laserablenkungen 3) Gefahren identifizieren und Lösungen erarbeiten

Tab. 4.3 Meta-Schnittstellen-Rollen. Eigene Erhebung

Meta-Rolle	Kurz-Beschreibung	Funktionale Rollen
Geschäftsmodell-Entwicklung/ökonomische Systemarchitektur*	Diese Rolle soll eine Systemarchitektur schaffen, die es ermöglicht, HydRON weiterzudenken und potentielle Geschäftsmodelle zu identifizieren. Business cases und Marktsegmente müssen definiert werden, zudem müssen Kalkulationen zur Rentabilität angestellt werden. Die Rolle dient als übergeordnete Instanz für die ökonomischen Rollen und bildet sozusagen den ökonomischen Rahmen.	1) Business Development 2) Capital Expenses 3) Operative Expenses 4) Kostenrechnung 5) Investitionsrechnung 6) Business Case Rechnung 7) Identifizierung Marktsegmente 8) Vendoren
Technische Systemarchitektur	Die technische Systemarchitektur ist das technische Pendant zur ökonomischen Systemarchitektur. Sie dient als übergeordnete Instanz für die technischen Rollen und bildet sozusagen den technischen Rahmen.	1) Technology Development/Techno-Pushes 2) Identifikation von fehlenden Ressourcen für die Technologieentwicklung 3) Identifikation verwandter Technologien 4) Synergieeffekte generieren und nutzen

(Fortsetzung)

Tab. 4.3 (Fortsetzung)

Meta-Rolle	Kurz-Beschreibung	Funktionale Rollen
Technology-Gap Management	Das Technology-Gap-Management ist dafür verantwortlich, Technologie- und Innovationslücken zu identifizieren und zu schließen.	1) Technologiegaps identifizieren 2) Wie können diese geschlossen werden? 3) Identifikation notwendiger Ressourcen für das Schließen der Gaps 4) Monetäre Anreize zum Schließen der Innovationsgaps 5) Kooperationsmanagement 6) Optimierungsmanagement
Governance	Die Rolle Governance übernimmt eine führende Position im Projekt. Sie ist dazu da, gemeinsam Regeln für die Zusammenarbeit, Kooperation und Koordination zu definieren, an die sich alle Stakeholder halten sollen, und die Einhaltung zu kontrollieren und gewährleisten.	1) Regeln, Pflichten, Rechte identifizieren + aufstellen + kontrollieren 2) Sanktionsmechanismen 3) Projektmanagement 4) Kooperationsmanagement 5) Handlungsspielräume gewähren 6) Gemeinsames Ziel 7) Strategie definieren 8) Raum für Austausch schaffen + stimulieren

5 Analyse der Rollenmatrizen

In diesem Kapitel werden die Ergebnisse der Experteninterviews im Detail dargestellt, wobei insbesondere auf den Zusammenhang zwischen den abgeleiteten Meta-Rollen und den potenziellen Stakeholdern, die diese Meta-Rollen besetzen und ausführen könnten, eingegangen wird.

Bei der Ableitung und Beschreibung der IRM-Matrizen auf Basis der ausgewerteten Experteninterviews für HydRON waren im Rahmen dieser Studie mehrere komplexe und ineinander greifende Analyseanforderungen zu erfüllen. Zum einen sollten auf Basis der ausgewerteten Experteninterviews die für eine erfolgreiche Umsetzung von HydRON notwendigen Meta-Rollen abgeleitet werden, zum anderen sollte gleichzeitig erfasst werden, inwieweit bestimmte Institutionen, die ebenfalls auf Basis der Experteninterviews abgeleitet wurden, für die Ausübung der jeweiligen Meta-Rollen geeignet sind. Folglich mussten drei komplexe Analyseanforderungen auf der Grundlage der ausgewerteten Experteninterviews erfüllt werden und darüber hinaus noch erfolgreich miteinander verknüpft werden, um zu einem aussagekräftigen Analyseergebnis zu gelangen. Diese drei komplexen Anforderungen konnten erfolgreich gemeistert werden, sodass aussagekräftige IRM-Matrizen mit den hydronspezifischen Meta-Rollen, Institutionen sowie der Eignung der jeweiligen Institutionen hinsichtlich der Übernahme von Meta-Rollen konzipiert wurden, die im Folgenden detailliert beschrieben werden.

W. H. Schulz et al., *Das Satellitenkommunikationsprojekt HydRON für die baden-württembergische Industrie*, Mobilität – Innovation – Transformation,
https://doi.org/10.1007/978-3-658-47148-4_5

5.1 Herleitung der Rollenmatrizen

Anhand der Theorie der Institutionellen Rollenmodelle (IRM) konnten insgesamt vierzehn verschiedene technische Rollen und zehn verschiedene ökonomische Rollen abgeleitet werden, die für eine erfolgreiche Umsetzung von HydRON besetzt und ausgeführt werden müssen. Die Auswertung der Experteninterviews hat darüber hinaus gezeigt, dass die Aufteilung der Meta-Rollen in ökonomische und technische Meta-Rollen für die Initialisierung und Umsetzung von HydRON nicht ausreichend ist, da es einer dritten Rollenkategorie bedarf, bei der es sich um sogenannte Schnittstellen-Meta-Rollen handelt, die weder den ökonomischen noch den technischen Meta-Rollen zugeordnet werden können, sondern gewissermaßen an deren Schnittstelle angesiedelt sind. Insgesamt konnten im Zuge der Auswertung der Experteninterviews vier Schnittstellen-Meta-Rollen identifiziert werden.

An dieser Stelle hat sich die fallspezifische Anpassungsfähigkeit der Theorie der Institutionellen Rollenmodelle (IRM) ausgezahlt, da eine im theoretischen Instrumentarium nicht vorgesehene dritte Meta-Rollenkategorie gewissermaßen aufgedeckt und konzeptualisiert werden konnte, was die methodische Genauigkeit des wissenschaftlichen Ansatzes untermauert. Auf diese Weise konnte die Theorie selbst weiterentwickelt werden, um die Frage nach allen für HydRON relevanten Meta-Rollen umfassend und vollständig zu beantworten.

Die spezifische (IRM)-Kodierung wurde fallspezifisch modifiziert. Üblicherweise wird mit folgender spezifischer Kodierung gearbeitet: 1 = die Rolle soll nicht übernommen werden; 2 = die Rolle könnte übernommen werden, es liegen aber noch keine Erfahrungen vor, wie die Rolle wahrgenommen werden soll; 3 = Die Rolle könnte wahrgenommen werden, es liegen aber bisher nur wenige Erfahrungen über die Wahrnehmung der Rolle vor; 4 = Die Rolle sollte von der Institution übernommen werden, da es bereits Erfahrungen mit der Ausführung der Rolle gibt; 5 = Die Rolle sollte aufgrund eines Alleinstellungsmerkmals der Institution übernommen werden. Diese Vorlage wurde wie folgt modifiziert: 3 = nicht geeignet; 2 = bedingt geeignet; 1 = am besten geeignet. Die Umstellung des Bewertungsschemas wurde vorgenommen, um den in den Experteninterviews vielfach aufgetretenen Ambivalenzen in der Rollenzuweisung gerecht zu werden. Die Anwendung des fünfstufigen Schemas würde die Analyseergebnisse unsachgemäß verzerren, da Eindeutigkeiten erfasst würden, die den Expertenaussagen nicht entsprechen. Gerade in der frühen Projektphase und in Anbetracht einer zielführenden Projektplanung ist es immens wichtig, diese festgestellten Ambivalenzen bestmöglich zum Ausdruck zu bringen, um auf einen entsprechenden Entscheidungsbedarf aufmerksam zu machen. Die

Tab. 5.1 Abkürzungen und Bezeichnungen der Institutionen des Rollenmodells für HydRON

Abkürzung	Bezeichnung
S	Staat (State)*
M	Marketing (Marketing)
EK	Europäische Kommission
ESA	European Space Agency
LSI	large system integrators
MC	Mid-caps
KMU	Kleine und Mittlere Unternehmen, Startups
U	Universitäten (University)
TK	Telekom-Unternehmen
NB	Netzbetreiber
I	Institute
B	Berater

*Ministerien und Behörden in öffentlicher Trägerschaft

Erfassung vermeintlicher Eindeutigkeiten innerhalb des klassischen fünfstufigen Schemas würde die Notwendigkeit wichtiger Entscheidungen verschleiern und Scheinsicherheiten erzeugen, die eine erfolgreiche Projektumsetzung gefährden.

Die Institutionen sind wie folgt kodiert und aus den geführten semistrukturierten Experten-Interviews abgeleitet (Tab. 5.1):

5.2 Darstellung der Rollenmatrizen

Im Folgenden werden die ausgewerteten Rollenmatrizen dargestellt. Abb. 5.1 zeigt die technischen Meta-Rollen, Abb. 5.2 die ökonomischen Meta-Rollen. In Abb. 5.3 werden abschließend die hybriden Meta-Rollen aufgezeigt.

Market Implementation Phase

Meta roles	EK	ESA	LSI	MC	KMU	TK	NB	U	I	B
Satellitenbetrieb			2	2	2					
Satellitenproduktion			1	1	1					
Space Equipment			1	1	1					
Payload Hersteller			1	1	1					
Payload Hosting										
Space-to-ground optical link			1	1						
Hydron optical ground stations			1	1						
Hydronkontrollzentrum		1	1	3	3	2	2	3	3	3
Launcher		1	1							
Demonstratorsystem		1	1	2	2					
Terrestrischer Glasfasernetze-Betrieb				2	2	1	1			
Mobilfunknetze-Betrieb						1	1			
Festnetze-Betrieb						1	1			
industrielles Schnittstellenmanagement	2	1	1	1	1	0	0	2	2	0

Suitability for meta role

Abb. 5.1 Die IRM-Matrix für technische Meta-Rollen. (Eigene Darstellung)

Market Implementation Phase

Meta roles	S	M	EK	ESA	LSI	MC	KMU	TK	NB	U	I	B
Access-Management	2		1									
Daten-Management				1	2	2	2					
Infrastruktur-Management			2	2	1			1				
Nutzerakzeptanz-Management	2	1	2	2								
Netzbetreiber-Management			1						1			
Initialisierungsmanagement	1		1	1	1							
Finanzierungsmanagement/ Controlling Gesamtprojekt	1		1	1								
Finanzierungsmanagement/ Controlling individuell					1	1	1					
Transaktionskosten-Management										2		
Sicherheitsmanagement	2		1	1								

Institutions

Suitability for meta role

Abb. 5.2 Die IRM-Matrix für ökonomische Meta-Rollen. (Eigene Darstellung)

Market Implementation Phase

Meta roles	S	M	EK	ESA	LSI	MC	KMU	TK	NB	U	I	B
Geschäftsmodell-Entwicklung / ökonomische Systemarchitektur*					1	1	1	2		3	3	2
Technische Systemarchitektur				1	1							
Technology-Gap Management				1	1	1	1			2		
Governance**			1	1								

Institutions

Suitability for meta role

Abb. 5.3 Die IRM-Matrix für die Schnittstellen-Meta-Rollen. (Eigene Darstellung)

Interpretation der Rollenmatrizen 6

6.1 Interpretation der technischen Rollen-Matrix

Die Auswertung der Experteninterviews hat gezeigt, dass für die Übernahme der Meta-Rolle des Satellitenbetriebs sowie der Meta-Rolle der Satellitenproduktion die Satellitenkommunikationsindustrie in ihrer Gesamtheit berücksichtigt werden sollte. Diese Feststellung betrifft sowohl die large system integrators als auch die Mid-Caps sowie die kleinen und mittleren Unternehmen, da alle diese Unternehmen über die notwendige Erfahrung in der Entwicklung der Satellitentechnologie verfügen und demzufolge alle drei Unternehmenstypen diese Meta-Rollen übernehmen könnten: *„Ich sehe ganz klar die führende Rolle der gegenwärtigen Satellitenkommunikationsindustrie. Die haben sowohl die Erfahrung vom Entwickeln der Satellitentechnologie, also nicht nur die hardware sondern auch deren Vermarktung und sich dann auf die Kommerzialisierung ausbreitet, auf der einen Seite, auf der anderen Seite fehlt eine wichtige Rolle für konventionelle Telekom-Anbieter.“* (I6, F6).

Die Meta-Rolle des Space Equipments zeichnet sich ebenfalls durch eine Ambivalenz der Besetzung durch die verschiedenen Institutionen aus, wobei explizit darauf hingewiesen wird, dass es für diese Meta-Rolle einen Mission-Prime geben muss, der als Hauptauftragnehmer das gesamte Space Segment mit allen Satelliten koordiniert und verantwortet. *„Gut, auch da bin ich natürlich der Raumfahrer sozusagen, der zum einen sagt, wir brauchen einen Prime, einen Missions-Prime, klassischerweise der Hauptauftragnehmer, der das gesamte Space Segment, also den gesamten Satelliten oder die Anzahl an Satelliten koordiniert und für sie verantwortlich ist.“* (I5, F6) Aus dieser Feststellung lässt sich ableiten, dass sich insbesondere die large system integrators als Hauptauftragnehmer

W. H. Schulz et al., *Das Satellitenkommunikationsprojekt HydRON für die baden-württembergische Industrie*, Mobilität – Innovation – Transformation,
https://doi.org/10.1007/978-3-658-47148-4_6

anbieten, da sie über ein breites Portfolio an Kompetenzen und Dienstleistungen verfügen, das sie in besonderem Maße für die Übernahme der Meta-Rolle des Mission-Prime im Space Segment qualifiziert.

Allerdings wird in keinem der Experteninterviews erwähnt, dass die Mid-Caps und KMUs für die Übernahme der Meta-Rolle nicht geeignet sind, weshalb sie als bedingt geeignet einzustufen sind. An anderer Stelle wird darauf aufmerksam gemacht, dass sich Mid-Caps und KMUs sehr wohl auch als Mission Prime eignen können. So wird in Bezug auf die Meta-Rolle des hosted payloads explizit darauf hingewiesen, dass auch kleinere Unternehmen die Prime Rolle übernehmen könnten: *„In der Payload- Rolle zum Beispiel für das gesamte Terminal gibt es Firmen wie Mynaric oder Tesat. Und dann gibt es eben eine große Gemeinde an Zulieferern, die zum Teil auch durchaus darüberhinausgehende Ideen haben oder auch mal, es kann auch mal eine kleine Firma sozusagen eine Prime Rolle übernehmen, das hängt ein bisschen davon ab, wie groß das Gesamtsystem ist, also das muss man halt im Detail schauen, ja." (I1, F8).*

Die beiden Meta-Rollen Space-to-Ground optical link sowie HydRON optical ground station können am ehesten von den large system integrators oder den Mid-Caps ausgeführt werden. Daher sind die beiden Bewertungen innerhalb der IRM-Matrix identisch. Für die Meta-Rolle des Hydron-Kontrollzentrums bietet sich neben den Satellitenbetreibern ebenfalls die ESA als Institution an, da sie als neutraler Partner nicht im Wettbewerb mit den involvierten Unternehmen steht: *„Aber es gibt Leute, die müssen managen, verwalten, monitoren, es gibt da große Netzwerk-Center, die diese Satelliten monitoren. Das ist eine Aufgabe, die würde ich bei den Satellitenbetreibern, den klassischen Eutelsat sehen, oder bei Elon Musk oder der ESA, D&R möglicherweise."* (I1, F5) Universitäten, Institute oder auch Berater sollten diese Meta-Rolle nicht ausführen, weshalb sie eindeutig als nicht geeignet einzustufen sind. Im Gegensatz dazu eignen sich insbesondere die ESA sowie die large system integrators für die Ausübung dieser Meta-Rolle, weshalb beide als sehr geeignet einzustufen sind. Schließlich ist die Ausübung dieser Meta-Rolle mit einer hohen Verantwortung verbunden, da sie dafür Sorge trägt, dass alle technischen Prozesse über die gesamte Projektlaufzeit kontrolliert und fehlerfrei ablaufen. Daher wird es für den Erfolg des Projekts entscheidend sein, welche Institution diese Meta-Rolle besetzt. Diesbezüglich ist zu klären, ob die ESA oder die large system integrators besser geeignet sind, da sich aus der Auswertung der Experteninterviews dieser Studie keine eindeutige Tendenz ableiten lässt. Für die Meta-Rolle des Launchers im Kontext von HydRON wird vor allem die ESA als Institution für die Besetzung genannt: *„Dann gibt es natürlich auch Leute, die diese Satelliten ins All schießen müssen. Also dann Raketen. Raketenabschussrampen oder Launcher, das kann auch ne ESA sein oder Elon Musk,*

NASA, die Russen... Selbst in Deutschland wird ja sogar in Privatinitiative über Launcher Strukturen nachgedacht." (I1, F5).

Für die Ausübung der Meta-Rollen des Mobilfunknetze-Betriebs, des Festnetz-Betriebs sowie des Glasfasernetze-Betriebs bieten sich in erster Linie die Telekommunikationsunternehmen sowie die Netzebetreiber an, weswegen diese als geeignet zu bewerten sind. Allerdings sind sich die Experten darüber uneinig, ob ein bestimmtes Unternehmen diese Meta-Rollen als Hauptverantwortlicher betreuen sollte oder ob nicht vielmehr eine Reihe unterschiedlicher Unternehmen dies leisten sollten. So hebt auf der einen Seite ein Experte in diesem Zusammenhang die Bedeutung des Unternehmens Deutsche Telekom hervor: *„Und natürlich jetzt ganz wichtig die technische Rolle, die aber auch in Richtung ökonomisch geht, ist der Betreiber. Am besten wäre es, die Deutsche Telekom, dafür zu gewinnen. Und früher, ich weiß nicht, warum Telekom keine Fernmeldesatelliten mehr hat, weil terrestrisch eben also gibt es eine Renaissance der Deutschen Telekom im Satellitenbau, in der Nutzung von Satelliten-Kommunikation.*" (I4, F4) Jedoch zeigt ein anderer Experte auf, dass nicht nur die Deutsche Telekom, sondern eine Reihe weiterer Unternehmen für die Meta-Rolle des Betreibers infrage kommen, wie aus dem folgendem Zitat eindeutig zu entnehmen ist: *„Es geht um Firmen wie Century Link, GTT, Telxius (ehemals Telefonica-Firma, die haben sich jetzt gespaltet, haben 5G Strukturen und gehen jetzt ganz rein in das Business Fibre Network Operations). Diese drei fallen unter die Kategorie fibre network operators und die sind sozusagen essenziell für HydRON, denn wir brauchen ein Fasernetz, um unsere Bodenstationen zu verbinden.*" (I3, F6).

6.2 Interpretation der ökonomischen Rollen-Matrix

In Bezug auf den Zusammenhang zwischen den ökonomischen und den technischen Meta-Rollen wird zunächst allgemein festgestellt, dass beide genau aufeinander abgestimmt werden müssen, damit Hydron erfolgreich umgesetzt werden kann: *„Für die Ökonomie gilt eigentlich genau das gleiche wie für die Technik, das muss nahtlos ineinanderpassen. Und alle technischen Lösungen, die nicht ökonomisch sind, die muss ich irgendwann einmal lassen und das spricht ja gerade für die Satellitenkommunikation, wenn ich mit einem terrestrischen Glasfasernetz den letzten Bauernhof anschließen will, dann ist das unbezahlbar, abgesehen von allen anderen Problemen, verlegen, Baukapazitäten, Regularien und so weiter, das ist einfach nicht bezahlbar.*" (I2, F5) Die Meta-Rolle des Access Managements kann am besten von der Europäischen Kommission oder dem Staat übernommen werden, wohingegen die Meta-Rolle des Datenmanagements am besten von der ESA übernommen werden kann. Large system integrators, Mid-Caps und KMUs sind dagegen nur bedingt geeignet, da die ESA über den großen Vorteil der Neutralität verfügt, was vor allem auch bedeutet, dass sie Investitionen in zukunftsweisende Technologien tätigen kann, die noch weit von der wirtschaftlichen Vermarktbarkeit entfernt sind. *„Also wir haben ganz klar die Möglichkeit, dass wir gewisse Technologien finanzieren, die im Augenblick zu fern von Anwendungen und zu fern von wirtschaftlicher Vermarktbarkeit sind."* (I6, F8).

Allerdings wird auch darauf hingewiesen, dass eine stärkere finanzielle Beteiligung der Unternehmen der Satellitenkommunikationsindustrie notwendig ist, um ein wirtschaftlich funktionsfähiges System auch tatsächlich errichten zu können: *„Am erfolgversprechendsten würde ich wahrscheinlich, wobei das bei HydRON ein bisschen schwierig ist, sowas sehen, dass sich Privatwirtschaft dran beteiligt, weil das meistens dann hilft, sagen wir mal ein etwas wettbewerbsfähigeres System auf die Beine zu stellen." (I6, F9)* Daraus lässt sich schließen, dass Unternehmen der Satellitenkommunikationsindustrie auch in der Lage sein sollten, die Meta-Rolle des Datenmanagements zu übernehmen. Ein Experte vertiefte dies dahingehend, dass Reibungsverluste und Transaktionskosten im Datenmanagement im Kontext von HydRON reduziert werden können, da sich ein Kunde für eine Datensicherung nur noch an ein Unternehmen wenden muss und nicht wie bisher an drei verschiedene Unternehmen: *„Glaube ich, wenn man HydRON gut aufsetzt mit den unterschiedlichen Playern, kann man Reibungsverluste, also Transaktionsverluste minimieren. Weil bisher musste ein Nutzer drei unterschiedliche Firmen kontaktieren, wenn er ein Daten-Backup machen will, und mit HydRON wird er eigentlich nur eine Firma kontaktieren müssen."* (I3, F7).

Die Meta-Rolle des Infrastrukturmanagements sollte von Telekommunikationsunternehmen und/oder den large system integrators übernommen werden. Allerdings wird ausdrücklich darauf hingewiesen, dass in Bezug auf die Telekommunikationsunternehmen noch viel Überzeugungsarbeit zu leisten ist, damit sich die Telekommunikationsunternehmen dazu bereit erklären an der Umsetzung und dem laufenden Betrieb von Hydron mitzuwirken: *„Im Augenblick sehe ich für Telekom relativ wenig Incentives selbst ökonomische Aspekte zu setzen, weil wir hier noch sehr viel Überzeugungsarbeit liefern müssen und ich glaube, es wäre zu früh, oder es ist schwierig, jetzt einen Telekom-Anbieter zu finden, der einen sehr starken Business Case für HydRON sieht."* (I6, F9).

Die Meta-Rolle des Nutzerakzeptanz-Managements sollte eindeutig von der Institution Marketing besetzt werden, da diese für die Ausführung dieser Meta-Rolle prädestiniert ist. Auch die Besetzung der Metarolle des Netzbetreibermanagements ist eindeutig und sollte von den Netzbetreibern wahrgenommen werden. Darüber hinaus wird jedoch auch darauf aufmerksam gemacht, dass die

Europäische Kommission oder auch der Nationalstaat ebenfalls selbst als Netzbetreiber aktiv werden könnte, wie aus folgendem Zitat hervorgeht: *„Also es könnte durchaus auch eine Regierungsaufgabe sein oder werden, dass man sagt ich, ich werde selbst Betreiber oder ich mache ein Betreibermodell für Breitband-Versorgung -ländlicher Raum Satelliten einzusetzen, also von der Regierung, von der Europäischen Kommission, die das genauso machen könnte für Europa, um einfach mal ein bisschen größer zu denken.“* (I4, F7) Daher sind auf der Basis der Auswertung der Experteninterviews im Kontext dieser Studie sowohl die Netzbetreiber als auch der Staat sowie die Europäische Kommission als geeignet einzustufen.

Die Frage nach der Wahrnehmung der Meta-Rolle des Initialisierungsmanagements ist dagegen schwieriger zu beantworten. Ein Experte sieht den Staat in der Hauptverantwortung für das Initialisierungsmanagement: *„Der Staat hat die Aufgabe, bei der Initialisierung des Ganzen zur Erreichung einer kritischen Masse beispielsweise und zur finanziellen Ausstattung des Ganzen. Kritische Masse und finanzielle Ausstattung ist da wichtig. Einfach das Ökosystem mit ins Leben zu rufen.“* (I1, F8) Allerdings betonen die Experten auch die Verantwortung der Satellitenkommunikationsindustrie, als Katalysator zu fungieren, indem sie den Nutzen der Satellitenkommunikation durch neue Geschäftsmodelle zum Wohle der Gesellschaft hervorheben und die Satellitenkommunikationsindustrie ebenfalls als geeignet für die Wahrnehmung der Meta-Rolle des Initialisierungsmanagements betrachten: *„Ich denke, eher in Richtung Katalysator zu wirken, ja, dass wir eben über die Notwendigkeit der neuen Geschäftsmodelle, dass Satelliten Kommunikation wieder eine oder mehr noch eine kritische Infrastruktur darstellen kann oder darstellt, eigentlich jetzt schon, und wir mit Politik und Wirtschaft hier in die Nutzung der Satelliten-Kommunikation zum Wohle der Gesellschaft wieder einsteigen, mehr einsteigen müssen.“* (I4, F5).

Die Meta-Rolle des Finanzierungsmanagements für das Gesamtprojekt sollte von Institutionen übernommen werden, die nicht im wirtschaftlichen Wettbewerb zueinander stehen, so dass ihre Neutralität gewahrt bleibt. Folglich eignen sich für die Übernahme dieser Meta-Rolle die Institutionen Staat, Europäische Kommission und ESA. Das individuelle Finanzierungsmanagement sollte von jedem Unternehmen selbst durchgeführt werden. Für das Transaktionskostenmanagement bieten sich am ehesten Universitäten an, die durch ihre Forschung auftretende Transaktionskosten identifizieren können. Das Sicherheitsmanagement sollte schließlich von der Europäischen Kommission oder der ESA übernommen werden.

7 Vertrauen und Governance

Definition Governance
Die Rolle der Governance wird in Interview 1 (I1, F.20) wie folgt definiert: Es handele sich um Regeln, Pflichten und Rechte, die jeder Stakeholder von HydRON für sich in Anspruch nehmen könne, vorausgesetzt die Stakeholder würden sich dazu verpflichten, bei HydRON mitzumachen. Zusätzlich seien Sanktionsmechanismen notwendig. Governance sei verantwortlich für das Projektmanagement, für die Definition von Regeln für die Zusammenarbeit, insbesondere in der Initialisierungs- und Projektphase, die Verantwortlichkeiten und Fristen festlegten. Alle Beteiligten müssten wissen, wozu sie sich verpflichten, bzw. woran sie sich beteiligen; deshalb müsse der strategische Wert der Technologien sowie das Potential durch die Governance definiert werden (I6, F.20). Zudem obliege es der Rolle Governance, HydRON zu definieren, da derzeit noch Unklarheiten bestünden: Innovation könne nicht geplant werden, aber Governance könne einen Raum schaffen, der für Innovationen förderlich ist und diese stimuliert (I6, F.20).

Aufgaben der Governance-Rolle
Der ECSS-Katalog (European Cooperation for Space Standardization), sozusagen ein Best-Practice-Katalog in der Raumfahrt, bietet viele Hinweise, was getan werden kann, um das Projekt HydRON erfolgreich zu gestalten und gute Raumfahrtsysteme zu bauen (I5, F.19).

Eine wichtige Aufgabe der Governance-Rolle wäre es laut I2 (F.19) jedoch, Handlungsspielräume zu gewähren, ebenso wie sie für die Definition von Regeln zuständig ist. Solche Handlungsspielräume sind beispielsweise gemäß Interview 1 (I1, F.19), die individuellen Interessen der Stakeholder für ihr eigenes Kerngeschäft zuzulassen oder Transparenz über die Konditionierung bestimmter Services zu gewährleisten und die spätere Vermarktung nicht einzuschränken (I1, F.19; I4,

W. H. Schulz et al., *Das Satellitenkommunikationsprojekt HydRON für die baden-württembergische Industrie*, Mobilität – Innovation – Transformation,
https://doi.org/10.1007/978-3-658-47148-4_7

F.19). Ebenso müssten die individuellen und gegenseitigen Erwartungen der Stakeholder offen ausgesprochen werden (I3, F.19); das könnte jedoch noch über die Zeit definiert werden (I3, F.19). Ziel sei es, dass alle Akteure an einem Strang ziehen wollen und bereit sind, auf das gemeinsame Ziel hinzuarbeiten. Weitere Aufgaben der Governance sind, im Sinne von Handlungsspielräumen Visionen aufzeigen und entwickeln zu lassen, die Möglichkeit zu geben, diese kritisch zu hinterfragen und auch Scheitern zuzulassen (I6, F.19).

Regeln der Zusammenarbeit

Die Regeln der Zusammenarbeit lassen sich wie folgt definieren:

1. Es müsse eine Art Gesellschaftsvertrag mit klaren, einheitlichen Regeln für die Zusammenarbeit aufgesetzt werden, der regelt, welche Stakeholder mit welchen Rollen betraut würden, wie weit diese Rollen reichen würden und welche Rechte und Pflichten damit verbunden wären. (I1, F.17)
2. Eine überschneidungsfreie Gestaltung reduziere Konfliktherde und schaffe eine klare Zuweisung von Verantwortlichkeiten. (I1, F.17)
3. Bei der Gestaltung des Regelwerkes solle ein holistischer Ansatz verfolgt werden, um die Erfüllung des Gesamtziels zu unterstützen. (I2, F.17)
4. Es fehle ein Projektkoordinator, der vorangeht, und die Zusammenarbeit koordiniere. (I2, F.17)
5. Es müsse eine allgemeine Gleichbehandlung vorherrschen; niemand dürfe bevorzugt werden. (I3, F.17)
6. Allgemeine Grundsätze der Ethik und Compliance sowie allgemeine Regeln der guten Geschäftsbeziehungen müssten gewährleistet werden. (I4, F.17; I5, F.17)
7. Es müssten vorab Arbeitspakete für die Entwicklung HydRONs definiert werden (I4, F.17), die mit Hilfe regelmäßiger, transparenter Reportings, die den Erfolg des Projektes protokollieren sollen, abgesichert werden. (I1, F:17)
8. Während und nach Abschluss des Projektes solle Wettbewerb ermöglicht werden. (I4, F.17)
9. Bereits in den Vergaberichtlinien sollten Regeln definiert werden, an die sich auch während des Projekts gehalten werden soll. (I5, F.17)
10. Beim Projekt müsse die Umsetzung der Technologie im Fokus stehen; kooperatives, tiefer gehendes Vertrauen und Fairness seien wichtige Voraussetzungen dafür. (I6, F.17)

Vertrauen gewährleisten

Vertrauen könne in der Zusammenarbeit durch die Garantie konsistenten Handelns gewährleistet werden; dazu könnten positive wie negative Sanktionsmechanismen beitragen, die zu Beginn gemeinsam ausgehandelt werden müssten, um Verbindlichkeit zu gewährleisten (I1, F:18). Wichtig sei außerdem, dass eine neutrale Stelle moderierend eingreife; die ESA könnte beispielsweise die Kommunikation durch bilaterale Gespräche erleichtern (I3, F.18). Des Weiteren müssten Überschneidungen in Zuständigkeiten vermieden, die Rollen klar definiert und Know-How Verluste verhindert werden, sodass keiner der Teilnehmer befürchten müsse, aufgrund der Mitarbeit an der Technologie Wettbewerbsvorteile zu verlieren (I4, F.18). Außerdem müsse ein transparenter Prozess zur Erstellung von Beschaffungs- und Umsetzungsregeln etabliert werden, so dass die Zusammenarbeit transparent geregelt sei (I5, F.18). Zu guter Letzt solle das Verhältnis zwischen governmental institutions und der Industrie verbessert werden, indem ein Verständnis und Offenheit für Scheitern gewährleistet werde (I6, F.18).

Besetzung der Rolle Governance

Bei der Besetzung der Rolle Governance stünden vor allem Neutralität und die Einbindung von Experten im Vordergrund, um Vertrauen zu generieren und zu moderieren, gegenseitige Erwartungen zu moderieren, sowie Ideen und Teilnehmer zu schützen (I3, F.20; I4, F.20; I5, F.20). Stakeholder, die mit HydRON ein monetäres Interesse verfolgen, sollten die Rolle nicht ausführen, sondern Externe (I3, F.20). Beispielsweise könnten Universitäten, Wirtschafts-Consulting Unternehmen oder die ESA die Rolle übernehmen (I4, F.20; I5, F:20). Sollte die ESA die Rolle übernehmen, könnte sie integrativ agieren sowie einen Techno-Push veranlassen (I3, F.20); ebenso wäre die Expertenrolle aufgrund der Erfahrung im Umgang und in der Entwicklung von Raumfahrtsystemen und allen Raumfahrtpartnern vorteilhaft; trotzdem müssten Experten in Entscheidungen einbezogen werden (I5, F.20).

8 Handlungsempfehlungen zur Umsetzung von HydRON

1. Zwecks der Vermeidung von Konfliktpotential unter den Stakeholdern ist es wichtig, dass bei Ausschreibungen ein **fairer Wettbewerb** stattfindet, der sich durch klare und transparente Vergaberegeln auszeichnet. Die Experteninterviews haben diesbezüglich eindeutig gezeigt, dass die Zusammenarbeit nur so lange erfolgreich möglich ist, wie diese Rahmenbedingungen gegeben sind. Die Experten haben zudem betont, dass dies insbesondere für das Verhältnis zwischen **kleinen** und **großen Unternehmen** der **Raumfahrtindustrie** gilt.
2. Eine grundlegende Schwierigkeit hinsichtlich der erfolgreichen Umsetzung von HydRON ergibt sich aus der Tatsache, dass zahlreiche involvierte Stakeholder in einem **ökonomischen Konkurrenzverhältnis** zueinanderstehen. Die Auswertung der Experteninterviews hat ergeben, dass es maßgeblich auf einen **funktionierenden Datenaustausch** unter den Stakeholdern zwecks der Steigerung des **Innovationspotentials** ankommt. Daher wird die Handlungsempfehlung ausgesprochen, dass Verträge unter den Stakeholdern geschlossen werden, die die Austauschbedingungen für Daten und Informationen so regeln, dass trotz der Konkurrenzverhältnisse ein optimaler Austausch von Daten und Informationen möglich ist.
3. Die Experten erkennen insbesondere ein großes Konfliktpotential unter den drei großen **Satellitenbauern Airbus, OHB und Thales.** Daher wird die Handlungsempfehlung gegeben, dass genaue Überlegungen angestellt werden, wie das Konfliktpotential unter den Satellitenbauern entschärft werden kann, sodass es zu keinen potentiellen juristischen Klagen kommt, die die Umsetzung HydRONs aufhalten oder sogar gefährden.

W. H. Schulz et al., *Das Satellitenkommunikationsprojekt HydRON für die baden-württembergische Industrie*, Mobilität – Innovation – Transformation,
https://doi.org/10.1007/978-3-658-47148-4_8

4. Die Experten weisen darauf hin, dass ein deutliches **Konfliktpotential** zwischen den **terrestrischen Netzbetreibern** und den **Satellitennetzbetreibern** besteht, da Erstere sich in ihrem bisherigen Geschäftsmodell durch Letztere bedroht fühlen könnten. Aufgrund dessen wird die Handlungsempfehlung ausgesprochen, dass den terrestrischen Netzbetreibern frühzeitig die Vorteile der Zusammenarbeit in HydRON verdeutlicht werden müssen.
5. Die Experten empfehlen für die Besetzung der Meta-Rolle des Space Segments einen **Mission-Prime,** der als Hauptauftragnehmer das gesamte Space Segment mit allen Satelliten koordiniert und für diese verantwortlich ist. Offensichtlich birgt die Auswahl eines Mission-Prime ein großes Konfliktpotential mit anderen Kandidaten, die ebenfalls die Rolle des Mission-Prime für das gesamte Space Segment besetzen wollen. Daher ist eine weiterführende **wirtschaftliche Prüfung** unter dem Gesichtspunkt zu empfehlen, ob es tatsächlich für die Umsetzung HydRONs wirtschaftlich am sinnvollsten ist, wenn es nur einen Mission-Prime gibt.
6. Insbesondere für die Besetzung der Meta-Rolle des HydRON-Kontrollzentrums wird von den Experten darauf hingewiesen, dass diese Meta-Rolle von einem **neutralen Stakeholder** besetzt werden sollte, welcher nicht in einem ökonomischen Konkurrenzverhältnis mit anderen Stakeholdern steht. Folglich ist allgemein die Handlungsempfehlung zu geben, dass bei der Besetzung von Meta-Rollen der wichtige Aspekt der **Neutralität** immer berücksichtigt und geprüft werden sollte.
7. Zwischen den Experten besteht Uneinigkeit in Bezug auf die Frage, ob die Meta-Rolle des terrestrischen Netzbetreibers von einem Unternehmen als **Hauptauftragnehmer** oder von einer Reihe **verschiedener Unternehmen** besetzt werden sollte. Daher ist auch an dieser Stelle eine weiterführende **wirtschaftliche Prüfung** hinsichtlich der Feststellung zu empfehlen, ob es wirtschaftlich sinnvoller ist, die Meta-Rolle des terrestrischen Netzbetreibers mit einem Hauptauftragnehmer zu besetzten oder stattdessen mit mehreren Unternehmen.
8. Eine weitere wichtige Handlungsempfehlung ist es, die Vorteile der **staatlichen** und der **privatwirtschaftlichen Finanzierung** miteinander zu verschränken. So verfügt die ESA über den Vorteil der Finanzierung von zukunftsweisenden Technologien, die noch fern von der wirtschaftlichen Vermarktbarkeit sind. Eine privatwirtschaftliche Beteiligung stellt demgegenüber sicher, dass das System schlussendlich auch wettbewerbsfähig ist. Aufgrund dessen gilt es genau abzuwägen, wie sich die Vorteile der staatlichen sowie der privatwirtschaftlichen Finanzierung im Kontext von HydRON optimal

miteinander verbinden lassen, sodass einerseits **zukunftsweisende Technologien** umgesetzt werden können und zugleich deren **Wettbewerbsfähigkeit** sichergestellt ist.

9. Außerdem wird betont, dass es gegenwärtig sehr schwierig werden wird, ein **Telekommunikationsunternehmen** zu finden, welches einen starken **Business Case** für HydRON sieht, weswegen noch viel Überzeugungsarbeit zu leisten ist. Daher kann nur die weiter oben angeführte Handlungsempfehlung bekräftigt werden, dass die Telekommunikationsunternehmen frühzeitig von ihren Vorteilen der Partizipation in HydRON überzeugt werden sollten, da hier noch gewisse Widerstände existieren.
10. Es wird von den Experten der Vorschlag unterbreitet, dass die **Europäische Kommission** oder auch der **Nationalstaat** als **Netzbetreiber** infrage kommen könnte. Daraus lässt sich die Handlungsempfehlung ableiten, dass weiterführend geprüft werden sollte, inwieweit ein derartiges Engagement der Europäischen Kommission oder des Nationalstaates im Kontext von HydRON tatsächlich möglich und zielführend sein könnte.
11. Die Besetzung der Meta-Rolle **Governance** ist für die Umsetzung HydRONs von besonderer Relevanz. Diese Meta-Rolle trägt dafür Sorge, dass alle Stakeholder jederzeit wissen, wozu sie sich in Bezug auf HydRON verpflichten und dass alle Stakeholder bereitwillig an einem Strang ziehen wollen, um auf das gemeinsame Ziel hinzuarbeiten. Die Experten legen sich fest, dass die Meta-Rolle Governance von einem Stakeholder besetzt werden sollte, der keine monetären Interessen verfolgt und dementsprechend neutral ist. Wenn die **ESA** diese Meta-Rolle besetzt, dann kann sie integrativ agieren sowie einen Techno-Push veranlassen. Daher ist auf der Grundlage der ausgewerteten Experteninterviews die Handlungsempfehlung auszusprechen, dass die Meta-Rolle Governance am ehesten von der **ESA** besetzt werden sollte, wobei andere Optionen ebenfalls in Erwägung gezogen werden sollten.
12. Aufgrund der Tatsache, dass zahlreiche Stakeholder in einem ökonomischen Konkurrenzverhältnis zueinanderstehen, ist es wichtig, dass eine offene Kommunikation unter den Stakeholdern gewährleistet ist und es zu keinen Konflikten kommt. Hierfür kommt es maßgeblich darauf an, dass die Meta-Rolle **Governance** die **Rahmenbedingungen** derart gestaltet, dass diese **offene Kommunikation** unter den Stakeholdern möglich ist und gefördert wird. Die Handlungsempfehlung ist folglich, dass die Meta-Rolle Governance exakt dies als **Kernkompetenz** leisten können muss.

9 Ausblick

Aufbauend auf den Ergebnissen dieser Studie müssten die identifizierten Rollen weiter ausgearbeitet werden, sowie konkrete Akteure unter den Stakeholdern identifiziert werden, die diese Rollen übernehmen können. Sofern die Corona-Lage es wieder zulassen wird, wird empfohlen, einen Workshop mit den HydRON User Group (HUG) Mitgliedern abzuhalten, um die spezifischen technischen und ökonomischen Meta-Rollen und funktionalen Rollen auf die Mitglieder der HydRON User Group aufzuteilen.

Die vorliegende Studie ist Teil der Identifikationsphase: Es galt, die Rollen zu identifizieren, auf technischer wie auch ökonomischer Seite, die notwendig sind, um eine erfolgreiche Umsetzung von HydRON zu schaffen. Zudem wurden die Institutionen identifiziert, die als Akteure bei HydRON die Rollen ausüben können.

Diese Studie ist eine Vorstudie, die noch vor der Initialisierung von HydRON stattgefunden hat. Im nächsten Schritt geht es darum, die Initialisierung von HydRON zu planen und ein Matching zu betreiben, also die bereits festgestellten Rollen weiter zu spezifizieren, Aufgaben zu entwickeln und konkrete Akteure – also Organisationen oder Unternehmen – zu benennen, die die jeweiligen Aufgaben ausüben können.

Darauffolgend muss die Rolle und Bedeutung der Governance weiter ausgebaut werden: Es müssen beispielsweise konkrete Regeln definiert und eventuell Verträge aufgesetzt werden, die die Zusammenarbeit in HydRON regeln, Konsequenzen bei Zuwiderhandlung aufstellen und somit eine Verbindlichkeit zu schaffen, die weiterhin Kooperation ermöglicht und gleichzeitig Vertrauen und Koordination schafft.

W. H. Schulz et al., *Das Satellitenkommunikationsprojekt HydRON für die baden-württembergische Industrie*, Mobilität – Innovation – Transformation,
https://doi.org/10.1007/978-3-658-47148-4_9

Zu guter Letzt kommt auch der Faktor der Autopoiesis, also die dynamische (Weiter-)Entwicklung aus HydRON selbst heraus. Mit Voranschreiten des Projektes HydRON werden regelmäßige Audits der Projektentwicklung, der bestehenden Regeln und Verträge, nötig. Je Marktphase von HydRON werden andere Rollen Bedeutung erhalten, es werden neue Rollen hinzukommen und weitere Aufgabenfelder identifiziert werden, sodass HydRON als lebendiges, dynamisches Projekt auch stetig in seinem strukturellen Rahmen revidiert und angepasst werden muss.

Die vorliegende Studie ist ein guter Ausgangspunkt für die zukünftigen Entwicklungen und Herausforderungen, denen sich HydRON gegenübersieht.

10 Abschließende Bemerkung

Zusammenfassend kann festgestellt werden, dass die allgemeine Situation im Bereich der terrestrischen und nicht-terrestrischen Telekommunikation ein sehr komplexes Gefüge aus vielen verschiedenen Institutionen darstellt. Aufgrund dessen ist die Anwendung des Institutionellen Rollenmodells der erste richtige Schritt, um die Netzwerkkomplexität in Teilen beherrschen zu können und eine strukturierte Herangehensweise zu ermöglichen. Das Institutionelle Rollenmodell liefert einen wichtigen Beitrag, welche technischen und ökonomischen Meta-Rollen erforderlich sind, um die laserbasierte Satellitenkommunikation ermöglichen zu können. Es wurden jedoch nicht nur die technischen und ökonomischen Meta-Rollen untersucht, sondern auch die relevanten Schnittstellen-Meta-Rollen, die für einen reibungslosen Ablauf notwendig sind. Diese leisten einen wichtigen Beitrag auf der Ebene der Transaktionskostenminimierung, Optimierung der Interoperabilität, der Komplexitätsbeherrschung sowie für den ressourcenschonenden Einsatz von Inputfaktoren.

Für eine effektive Umsetzung und Implementierung dieser Technologie sind weitere organisationsbezogene Untersuchungen notwendig, um entsprechende Personalbedarfe ermitteln zu können. Dies ist erforderlich, um sicherstellen zu können, dass die notwendigen Personalressourcen vorhanden sind, um die entsprechenden funktionalen Rollen erfolgreich umsetzen zu können.

W. H. Schulz et al., *Das Satellitenkommunikationsprojekt HydRON für die baden-württembergische Industrie*, Mobilität – Innovation – Transformation,
https://doi.org/10.1007/978-3-658-47148-4_10

Literatur

Aloini, D., Latronico, L., & Pellegrini, L. (2022). The impact of digital technologies on business models. Insights from the space industry. *Measuring business excellence, 26*(1), 64–80.

Brynjolfsson, E. (2022). The turing trap: The promise & peril of human-like artificial intelligence. *Daedalus, 151*(2), 272–287.

Chou, S. Y. (2018). The fourth industrial revolution. *Journal of International Affairs, 72*(1), 107–120.

Filijović, M. (2020). The Silk Road leads to the Moon: China's outer space strategy and its future development. *The Review of International Affairs, 71*(1178), 5–26.

Grösser, S. (2018): System Dynamics. Hg. v. Gabler Wirtschaftslexikon. Online verfügbar unter https://wirtschaftslexikon.gabler.de/definition/system-dynamics-47445/version-270709, letzte Aktualisierung am 14.02.2018, zuletzt besucht am 16.04.2023.

Hauschildt, H., Elia, C., Jones, A., Moeller, H. L., & Armengol, J. M. P. (2019). ESAs ScyLight programme: Activities and status of the high throughput Optical Network„ HydRON". *International Conference on Space Optics—ICSO 2018, 11180*(1), 174–181

Li, G., Hou, Y., & Wu, A. (2017). Fourth Industrial Revolution: Technological drivers, impacts and coping methods. *Chinese Geographical Science, 27*(4), 626–637.

Martel, W. C., & Yoshihara, T. (2003). Averting a Sino-US space race. *Washington Quarterly, 26*(4), 19–35.

Mayerhofer W. (2009) Das Fokusgruppeninterview. In: Buber R., Holzmüller H. (Hrsg.), *Qualitative Marktforschung.* Gabler.

Mayring, P. (2003). Qualitative Inhaltsanalyse. Grundlagen und Techniken. Beltz.

Runkel, G., & Burkart, G. (2005). *Funktionssysteme der Gesellschaft. Beiträge zur Systemtheorie von Niklas Luhmann.* Wiesbaden: VS Verlag.

Schulz, M. (2012). *Fokusgruppen in der empirischen Sozialwissenschaft: von der Konzeption bis zur Auswertung.* VS Verlag.

Schulz, W. H., Franck, O., & Smolka, S. (2021a). Die Theorie der institutionellen Rollenmodelle als Grundlagentheorie für Transformationsprozesse in Organisationen. In: Markus Bodemann, Wiebke Fellner und Vanessa Just (Hg.): *Zukunftsfähigkeit durch Innovation, Digitalisierung und Technologien.* [S.l.]: GABLER (Organisationskompetenz Zukunftsfähigkeit), S. 77–100.

W. H. Schulz et al., *Das Satellitenkommunikationsprojekt HydRON für die baden-württembergische Industrie*, Mobilität – Innovation – Transformation, https://doi.org/10.1007/978-3-658-47148-4

Schulz, W. H., Franck, O., Smolka, S., & Geilenberg, V. (2021b). Nachhaltigkeit und Ressourceneffizienz bei unternehmensübergreifenden Kooperationen: Die Theorie der Institutionellen Rollenmodelle als Grundlage für Best Practices. In: Wanja Wellbrock und Daniela Ludin (Hg.): *Nachhaltiger Konsum. Best Practices aus Wissenschaft, Unternehmenspraxis, Gesellschaft, Verwaltung und Politik.* Springer Gabler, S. 349–361.

Schneider, D. (1997). Theorie der Unternehmung. Berlin/Boston: De Gruyter Oldenbourg (Betriebswirtschaftslehre, Bd. 3).

Stovpets, O., & Svyrydenko, D. (2020). Chinese Perspectives in the „Space Race" through the Prism of Global Scientific and Technological Leadership. *Philosophy and Cosmology, 25*, 57–68.

Voigt, S. (2009). Institutionenökonomik. 2., durchges. Aufl. UTB (UTB, 2339).

Weinzierl, M. (2018). Space, the final economic frontier. *Journal of Economic Perspectives, 32*(2), 173-92.

Xu, M., David, J. M., & Kim, S. H. (2018). The fourth industrial revolution: Opportunities and challenges. In: *International journal of financial research, 9*(2), 90–95.

Kolibri 360 GmbH
Ferdinand-Jühlke-Straße 7
99095 Erfurt, Deutschland
produktsicherheit@kolibri360.de